Der Zaunkönig

Troglodytes troglodytes

2. unveränd. Auflage, Nachdruck der 1. Auflage von 1987

Mit 57 Abbildungen

Manfred Dallmann

Die Neue Brehm-Bücherei Bd. 577
Westarp Wissenschaften · Magdeburg · 1995
Spektrum Akademischer Verlag · Heidelberg · Berlin · Oxford

Die Deutsche Bibliothek — CIP-Einheitsaufnahme

Dallmann, Manfred:
Der Zaunkönig: Troglodytes troglodytes / von Manfred Dallmann. –
2., unveränd. Aufl., Nachdr. der 1. Aufl. von 1987. –
Magdeburg: Westarp-Wiss.; Heidelberg: Spektrum Akad. Verl., 1995
(Die Neue Brehm-Bücherei; Bd. 577)
ISBN 3-89432-230-6
NE: GT

Publiziert in Zusammenarbeit mit
Spektrum Akademischer Verlag, Heidelberg

Druck und Bindung: Hartmann, Ahaus

Vorwort

Für einen Amateur bedeutet das Verfassen einer Monographie für die Neue Brehm-Bücherei einen großen Arbeitsaufwand, der auf Kosten der Freizeit geht. Neben meinen zehnjährigen Populationsstudien am Zaunkönig war ich bemüht, die spezielle Literatur zu sammeln. Nur durch Hilfe von Freunden im In- und Ausland war es mir überhaupt möglich, diese Studie durchzuführen.
Besonders berücksichtigt wurden die Arbeiten von Armstrong (1950) in England und Kluijver u. a. (1940) in den Niederlanden. Aus den letzten Jahren liegen ausführliche Studien aus England (Hawthorn und Garson) sowie aus Polen (Wesolowski) vor.

Mein Datenmaterial, u. a. fast 2000 Nestkarten, wertete ich schwerpunktmäßig unter Berücksichtigung brutbiologischer Gesichtspunkte aus.

Nicht näher behandelt wurden Beiträge aus Amerika über die dort vorkommende Unterart „unseres" Zaunkönigs, da sie den Rahmen dieser Abhandlung gesprengt hätten.

Kappishäusern, Februar 1986 — Manfred Dallmann

Inhaltsverzeichnis

1. Vorgenommene Untersuchungen

1.1. Methode

Im Rahmen von Populationsuntersuchungen (10-Jahres-Programm) des Max-Planck-Instituts für Verhaltensphysiologie, Vogelwarte Radolfzell, wurden von mir in den Jahren 1974–1983 Untersuchungen am Zaunkönig durchgeführt.

Von Anfang März bis Ende Juli wurden die Probeflächen wöchentlich – während der Bau- und Legezeit häufiger – kontrolliert. Während der anderen Monate erfolgten vereinzelte Begehungen. Die Nestersuche erfolgte systematisch. Da bevorzugte Standorte aus der Erfahrung bekannt waren, gab es bei der Suche keine Schwierigkeiten. So wurden in den zehn Untersuchungsjahren 1997 Nester gefunden, dies entspricht etwa 200 Nester/Jahr. Von jedem Nest liegt eine Nestkarte vor.

Ferner wurden 2248 Zaunkönignestlinge beringt. Um spezielle Fragen über das Verhalten der Vögel zu klären, wurden die Altvögel gefangen und farbig markiert. Der Fang der Männchen erfolgte mittels Klangattrappe und Japannetz in Nestnähe (s. Verhalten), der der Weibchen bei fortgeschrittener Brut mit einem Kescher im Nest oder mit einem Japannetz. Alle Fänglinge wurden vermessen, gewogen und auf Mauser und Unterscheidungsmerkmale hin untersucht.

1.2. Untersuchungsgebiete

Die 5 Probeflächen befinden sich im Raum Metzingen (vgl. Abb. 1), Landkreis Reutlingen, in Baden-Württemberg (BRD). Am Fuß der Schwäbischen Alb beträgt

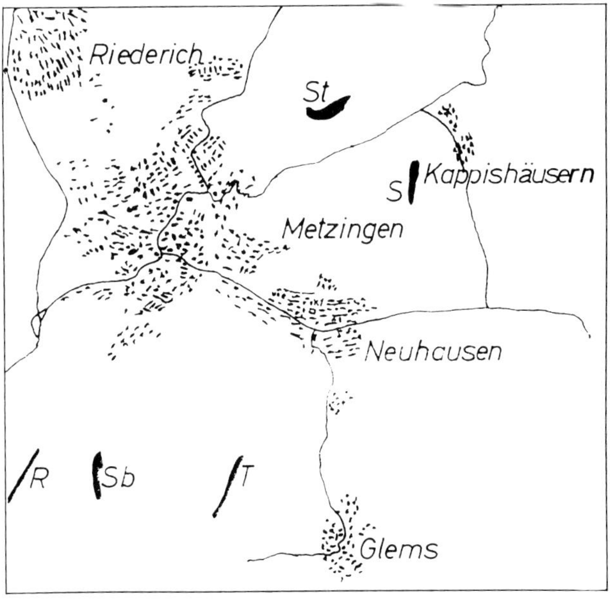

Abb. 1. Lage der fünf Zaunkönigprobeflächen auf Gemarkung Metzingen (Kr. Reutlingen) am Fuß der Schwäbischen Alb. St Stauferbach, S Saulbach, R Riederichbach, Sb Stetterbach, T Tiefenbach

die Höhenlage 400–600 m NN. Bei den Flächen handelt es sich um tiefeingeschnittene Bäche mit Längen von 400–900 m (insgesamt 3,2 km). Die Bäche haben einen Wasserstand von 10–50 cm und frieren im Winter zu. Sie befinden sich in reinen Laubwäldern (Buche, Eiche, Esche) oder in Mischwäldern (Laubholz mit Fichten und Lärchen).

Die Höhe der Bäume beträgt 5–20 m. Die Wälder sind licht und besitzen eine ausgeprägte Krautschicht (Bärlauch, hohes Gras, Brennesseln). In diesem Habitat ist das ausgespülte Wurzelwerk der Bachufer der bevorzugte Neststandort (s. Neststandorte).

2. Zur Systematik

Nach Niethammer, Kramer u. Wolters (1964) hat der Zaunkönig folgende Stellung im System:

Ordnung	Passeriformes – Sperlingsvögel
Familie	Troglodytidae – Zaunkönige
Gattung	*Troglodytes* Vieillot, 1807 – Zaunkönig
Art	*Troglodytes troglodytes* Linnaeus 1758 – Zaunkönig

Weltweit (fast ausschließlich in Amerika) leben ungefähr 12 bis 14 Gattungen der Troglodytidae mit etwa 62 Arten (Armstrong in Grzimek 1976). Dement'ev u. Gladkov (1954) erwähnen 63 Arten, Berndt u. Meise (1962) nur 59.

Howard u. Moore (1980) unterscheiden in ihrer Checkliste „Birds of the world" 2 Arten: *Troglodytes troglodytes* (Winter-Wren) und *Troglodytes aedon* (House-Wren) mit 37 Unterarten. Nachfolgend werden nur solche Unterarten kurz behandelt, die in Europa und in den Randbereichen der angrenzenden Erdteile leben (Abb. 2, 8). Hierbei handelt es sich um eine reine Aufzählung, die sich nur auf die vorhandene Literatur stützt und im Rahmen dieser Arbeit nicht überprüft werden konnte.

Troglodytes troglodytes troglodytes Linnaeus, 1758

Verbreitung:	Die Nominatform ist in ganz Europa verbreitet. Die Zuwanderung unserer Art erfolgte aus Nordamerika über die Beringstraße.
Kennzeichen:	s. 5
Maße:	s. 5.

Troglodytes troglodytes islandicus Hartert, 1903

Verbreitung:	Island
Kennzeichen:	Groß und dunkelbraun, stark gebändert mit langem Schnabel (15,5–16,5 mm). Die Unterseite ist dunkelbraun mit deutlicher Querzeichnung; lange Flügel und langer Schwanz
Gesang:	Abgehackt und stotternder Rhythmus
Maße:	Flügel 56–60 mm
Quelle:	Vaurie 1959, Hartert 1910, Timmermann 1949, Armstrong 1953, Salomonsen 1933, Fehringer 1922

Troglodytes troglodytes borealis Fischer, 1881

Verbreitung:	Färöer Inseln
Kennzeichen:	Rücken und Flügel erdbraun, sonst fahl mit ausgeprägter Querstreifung, Unterschwanzdecken hell, Eier größer
Maße:	Flügel 50–56 mm, Schwanz 36–40 mm, Schnabel 15–17 mm, Eier 18,34 × 13,57
Quelle:	Fischer 1861, Hartert 1910, Vaurie 1959, Fehringer 1922, Salomonsen 1933

Troglodytes troglodytes Zetlandicus Hartert, 1910

Verbreitung:	Shetland-Inseln
Kennzeichen:	Dunkler als *islandicus*, langer starker Schnabel, wirkt plump, Färbung der Brust gut sichtbar
Maße:	Flügel 52–54 mm, Schnabel 15–16 mm, Schwanz 30–36 mm
Gesang:	Weniger schrill, mechanischer und stoßartiger. Gleicht dem Gesang des Wiesenpiepers, *Anthus pratensis*

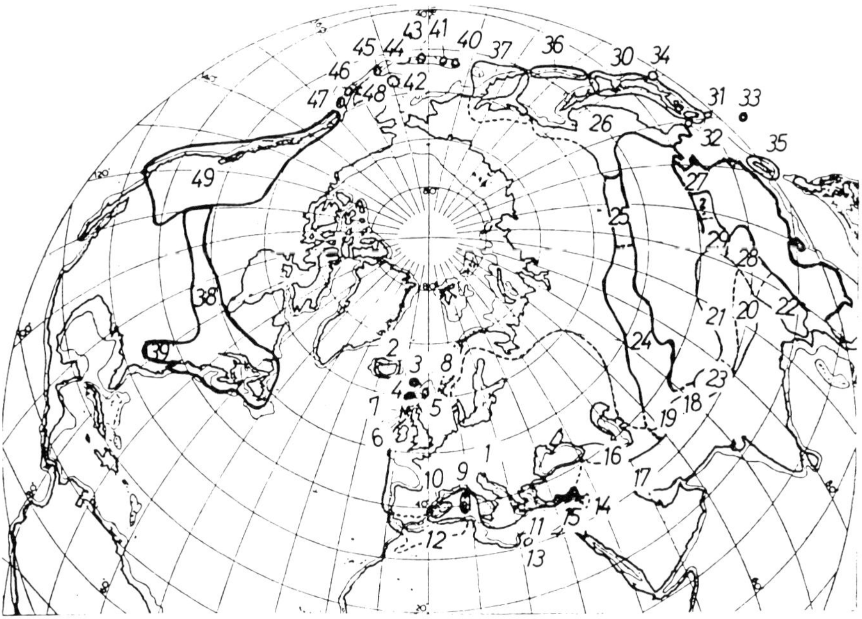

Abb 2 Die Brutverbreitung der Unterarten der Nominatform des Zaunkönigs. 1 *troglodytes*, 2 *islandicus*, 3 *borealis*, 4 *zetlandicus*, 5 *firdariensis*, 6 *hebridensis*, 7 *hirtensis*, 8 *bergensis*, 9 *koenigi*, 10 *mulleri*, 11 *stresemanni*, 12 *kabylosrum*, 13 *juniperi*, 14 *syriacus*, 15 *cypriotes*, 16 *hyrcanus*, 17 *zagrossiensis*, 18 *magrathi*, 19 *subpalidus*, 20 *nipalensis*, 21 *tibetana*, 22 *talifuensis*, 23 *neglectus*, 24 *tianschanicus*, 25 *dauricus*, 26 *peninsulae*, 27 *idius*, 28 *szetchuanus*, 29 *suprallidus*, 30 *fumigatus*, 31 *ogawae*, 32 *utntanoi*, 33 *orii*, 34 *mosukei*, 35 *taivanus*, 36 *kurilensis*, 37 *pallescens*, 38 *hiemalis*, 39 *pullus*, 40 *meligerus*, 41 *kiskensis*, 42 *alascensis*, 43 *tanagensis*, 44 *seguamensis*, 45 *petrophilus*, 46 *semidiensis*, 47 *helleri*, 48 *stevensoni*, 49 *pacificus*. Nach Armstrong 1955

Abb. 3. Brutgebiete europäischer Unterarten des Zaunkönigs. Nach Makatsch 1976

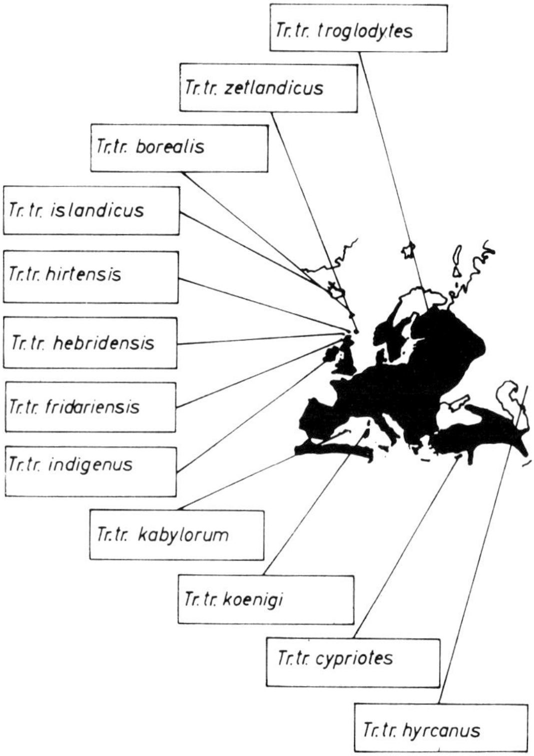

Quelle: Hartert 1910, Witherby 1938, Armstrong 1952a, b, Vaurie 1959, Hunter u. Tulloch 1979, Salomonsen 1933, Fehringer 1922

Troglodytes troglodytes fridariensis Williamson, 1951

Verbreitung: Fair Isle
Kennzeichen: Sehr blaß, Kinn und Kehle weiß, untere Partien lederfarben
Maße: Flügel 46–53 mm, Schnabel 13–15 mm, Schwanz 30–33 mm
Quelle: Hartert 1910, Williamson 1951, Vaurie 1959

Troglodytes troglodytes hebridensis Meinertzhagen, 1924

Verbreitung: Äußere Hebriden (Lewis, Harris, Uist, Benbecula)
Kennzeichen: Klein, gebänderter Rücken, schwacher Schnabel, untere Partien dunkel
Maße: Flügel 46–51 mm, Schnabel 12,5–14,5 mm, Schwanz 28–31 mm
Gesang: Geringe Gesangsfülle
Quelle: Salomonsen 1933, Witherby 1938, Vaurie 1959, Hawthorn, Crockford, Smith u. Weston 1976

Troglodytes troglodytes hirtensis Seebohm, 1884

Verbreitung:	St. Kilda (westlich der Äußeren Hebriden)
Kennzeichen:	Stark gebändert, starker langer Schnabel, Unterseite weißlich, Unterschwanzdecken ohne rotbraune Farbe
Maße:	Flügel 48–55 mm, Schnabel 13,5–16 mm, Schwanz 30–37 mm
Gesang:	Kräftiger als Nominatform
Quelle:	Dresser 1886, Hartert 1910, Fehringer 1922, Witherby 1938, Armstrong 1953, Williamson 1958, Vaurie 1959, Bagenal 1958, Dement'ev u. Gladkov 1954, Waters 1962, 1964

Troglodytes troglodytes bergensis Stejneger, 1884

Verbreitung:	Westküste Norwegens (Bergen, Stavanger)
Kennzeichen:	Sehr groß, düsteres Gefieder, lange Flügel mit starker dunkler Querzeichnung, Unterseite gelbbraun
Quelle:	Salomonsen 1933, Dement'ev u. Gladkov 1954

Troglodytes troglodytes Koenigi Schiebel, 1910

Verbreitung:	Korsika, Sardinien
Kennzeichen:	Dunkler Rücken, erdbraune Unterseite, langer und schwacher Schnabel
Maße:	Schnabel 14,5–16 mm
Quelle:	Fehringer 1922, Dement'ev u. Gladkov 1954, Vaurie 1959

Troglodytes troglodytes kabylorum Hartert, 1910

Verbreitung:	Nordafrika, Balearen, Südspanien
Kennzeichen:	Schwache Färbung, kräftiger Schnabel
Quelle:	Whitaker 1905, Casasnovas 1957, Fehringer 1922, de Balsac u. Mayaud 1962

Troglodytes troglodytes cypriotes Bate, 1903

Verbreitung:	Zypern, Kreta, Rhodos und Naher Osten
Kennzeichen:	Langer Schnabel, Bänderung am gesamten Unterkörper
Quelle:	Hartert 1910, Fehringer 1922, Dement'ev u. Gladkov 1954, Armstrong 1955, Bannermann u. Bannermann 1958, Vaurie 1959

Troglodytes troglodytes hyrcanus Saudny et Loudon, 1905

Verbreitung:	Krim, Kaukasus, Iran, Irak
Kennzeichen:	Kopf graubraun, Kehle weiß, langer Schnabel
Maße:	Schnabel 13,5–15,5
Quelle:	Hartert 1910, Fehringer 1922, Armstrong 1955, Vaurie 1959

Troglodytes troglodytes indigenus Clancy, 1937

Verbreitung:	Irland, Schottland, England
Kennzeichen:	Dunkler als Nominatform, aber nicht so dunkel wie *hebridensis*
Quelle:	Vaurie 1959, Howard u. Moore 1980

3. Name

Eine Sage über die Königswahl bei den Vögeln soll dem Zaunkönig seinen Namen gegeben haben: Der sollte König sein, der am höchsten fliegt. Der Zaunkönig schlüpfte in das Gefieder des Adlers und konnte sich daher noch höher als jener in die Lüfte schwingen. Gewiß wird das kecke Auftreten dieser Art zu seinem Spottnamen beigetragen haben.

Von Linné (1758) erhielt der Zaunkönig zuerst den wissenschaftlichen Namen „*Motacilla Troglodytes*". Da dieser Name nicht gerade treffend war, änderte er ihn später in „*Troglodytes troglodytes*". Das Wort „troglodyt" stammt aus dem Griechischen und bedeutet Höhlenbewohner.

Da der Vogel selten Höhlen bewohnt (s. Neststandorte), ist die Namensbezeichnung allerdings nicht sehr treffend. Wesentlich passender sind dagegen einige deutsche und ausländische Trivialnamen (Naumann 1897, Creutz 1956, Suolathi 1909):

Deutschsprachige Namen
Ein Teil dieser Namen sind Scherznamen, die sich auf das Vorkommen in Hecke und Zaun beziehen oder auf die Königswürde. Zaunschlüpferlein, Zaunschliefer, Zaunperzel, Zaunschnerz, Zaunsänger, Thomas im Zaune, Winterzaunkönig, Winterkönig, Schneekönig, Dorn- und Nesselkönig, Meisenkönig, Schlupfkönig, Schupkönig, Königlein, Konikerl, Troglodyt, Nettelkönig, Tannkönig, Grooht Jochen, Zaunschnurz, Mäusekönig, Tschürrn, Farzpeter.

Ausländische Namen

Bulgarien	Musittrnce
Dänemark	Gaerdesmutte, Gaerdevippe, Gaerdekonge, Tommeliden, Liden Thomas
England	Wren, Common Wren, Jenny Wren, Kitty Wren
Finnland	Peukalvinen, Peukaloinen, Tapakkapala
Frankreich	Troglodyte mignon, Roitelet
Griechenland	Trypokaryda
Holland	Winterkoning
Island	Rindill, Musar-rindill, Musar-brodir
Italien	Puyone de veranu, Re degli uccelli
Jugoslawien	Trtak, Kralic, Caric, Strijez, Strkic, Ciaric
Luxemburg	Meiskinneck, Routelet
Malta	Asfur tal maltep
Norwegen	Gjerdevippe
Polen	Stryzek wotowc ocko

Portugal	Carricinha das moitas
Rumänien	Ociul boului
Schweden	Gärdsmyg, Tummeliten, Surre, Baskakung Thomas i gärdet, Meshätte, Tummelhät, Mysing
Schweiz	(33 Lokalnamen, Studer u. Fatio 1907)
Spanien	Trogloddita, Cucito, Chochin
ČSSR	Pacek, Strizlizek, Schniekinch
UdSSR	Krapiwnik, Corvlek; Estnische SSR: Peialpois, Lettische SSR: Ceplitis
Ungarn	Ökörzem
Österreich	Künigel (Ober-Öst.), Kinivögerl (Steiermark), Kinigerl u. Schneekinigerl (Linz), Zaunschliefer (Innsbruck), Pfutschekönig und Pfutschepfeil (Kärnten)

4. Beschreibung

Der Zaunkönig ist ein kleiner, rundlicher Vogel mit brauner Färbung, die eine dunkle Querbänderung aufweist. Bei seinem kecken Auftreten fällt besonders der steilaufgerichtete Schwanz auf. Der laute und kräftige Gesang wird selbst im Winter vorgetragen. Er hält sich vorwiegend im Bereich der Krautschicht in Bodennähe auf. Die gerundeten Flügel weisen einen schlechten Flieger aus, der den Flug über freie Flächen scheut. Der Flug ist schnurrend und geradlinig.

Die Art ist mit keiner anderen in Mitteleuropa zu verwechseln.

4.1. Morphologie

Abb. 4 zeigt die wesentlichen morphologischen Eigenarten dieses Vogels. Er weist sehr lange Füße mit langen Zehen und Krallen (besonders ausgeprägt ist die hintere Kralle, s. Maße) auf. Der spitze und leichtgebogene Schnabel ist geeignet zum Aufsuchen von Insekten und deren Eiern und Larven in Spalten und Ritzen. Die kurzen und gerundeten Flügel weisen auf die Bewegungsweise hin: wenig fliegen, geschickt auf Kurzstrecken um Hindernisse manövrieren und viel umherhüpfen in Dickichten und Wurzelwerk.

Die 10. Handschwinge (HS) ist halb so lang wie die 9., und diese ist 4–7 mm kürzer als die längste. 2. bis 7. HS sind gleichlang (oft ist die 7. HS 1–2 mm kürzer als die längste). Die 5. HS ist 0,5–1,5 mm kürzer, die 4. HS 2–4 mm kürzer, die 3. HS ist gleich der 4. Die Fahnen der äußeren HS sind innen scharf weißlich, außen schmal, weißbegrenzt und dunkel-lederfarben.

Die abgerundeten Armschwingen sind ein bißchen kürzer als die zehn HS und erreichen die Länge der 9. HS.

Von den zwölf Steuerfedern ist das äußere Paar deutlich kürzer. Die Spitzen sind scharf geneigt (Witherby 1938). Die Schulterfedern besitzen wenig weiße Marken (vgl. Abb. 4).

Die Pneumatisation des Schädeldaches der Jungen dauert 6 Monate (s. Alterskennzeichen).

4.2. Kennzeichen

Die Oberseite des Zaunkönigs ist rotbraun und weist eine dunkle Bänderung auf. Der Kopf ist wesentlich dunkler als der Rücken und die Oberschwanzdecken, die zusätzlich noch gebändert sind. Der abgerundete und keilförmige Schwanz wirkt rötlicher als der Rücken und ist dunkel gebändert. Auf den Bürzelfedern befindet sich eine weiße Binde. Die kurzen Flügel sind mit säbelförmigen Schwungfedern abgerundet. Die Arm- und Handschwingen variieren von dunkelgrau bis bräunlich, die Schulterfedern mit wenigen weißen Marken.

Die Wangen weisen einen schwach rostbraunen Ton auf und sind manchmal weißgefleckt. Auffallend ist ein cremefarbiger Überaugenstrich, der bis zur Ohrgegend reicht. Das Kinn, die Kehle und die Brust sind lederfarben bis weißlich, gelegentlich braun. Die Unterseite (Flanken und Bauch) ist mit einem blaß rostbraunen Kleingefieder bedeckt, das dunkelbraune Wellen aufweist. Die unteren Flügeldecken sind gesprenkelt und braun. Eine dunkle Bänderung und weiße Tupfen an der Spitze weisen die hellbraunen Unterschwanzdecken auf.

Der pfriemförmige Schnabel ist leicht gebogen und spitz. Er ist 2–3 mm kürzer als der Kopf, oben schwarzbraun und unten gelblich gefärbt. An der Schnabelwurzel befinden sich die schmalen und ritzförmigen Nasenlöcher, die sich nach hinten erweitern. Im Schnabelwinkel wachsen feine Borstenhaare. Das Auge weist eine dunkel-nußbraune Iris auf.

Die fleischfarbenen bis bräunlichen Füße sind auf dem Spann, an der Fußwurzel, durch 4 große Schilder geschützt. Die Zehen sind mit spitzen, stark gebogenen Krallen ausgestattet, von denen die hintere Kralle wesentlich länger ist.

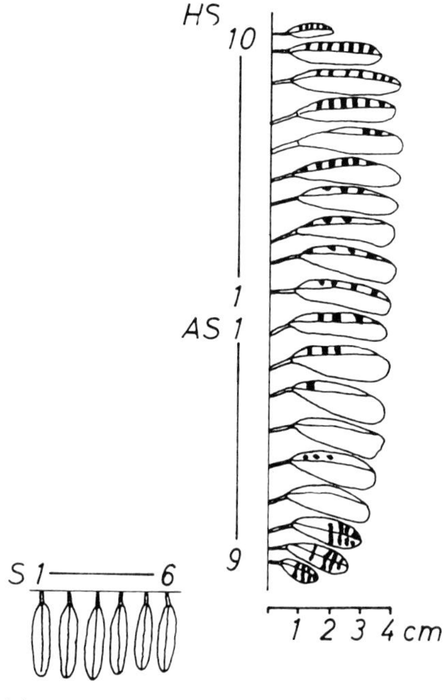

Abb. 4. Flügel- und Steuerfedern beim Zaunkönig (natürliche Größe). HS Handschwingen, AS Armschwingen, S Steuerfedern

4.3. Unterscheidung der Geschlechter und Jungvögel

4.3.1. *Unterscheidung nach dem Aussehen*

Brut- und Ruhekleider von ad. Männchen und Weibchen gleichen sich (z. B. Creutz 1956, Svenson 1975 und eigene Befunde). Das Jugendkleid ist dem Alterskleid sehr ähnlich. Der gesamte Vogel wirkt aber etwas fahler, da die dunkle Bänderung nicht so ausgeprägt ist. Das erste Ruhekleid weist keine Unterscheidungsmerkmale auf und gleicht ebenfalls dem ersten Brutkleid. Gefangene Weibchen sind während der Brutzeit am Brutfleck (vgl. Abb. 5) und an der Kloake erkenntlich.

4.3.2. *Unterscheidung nach dem Verhalten*

Es besteht ein eindeutiger Unterschied im Verhalten der Geschlechter. Das Weibchen ist ein unauffälliger Vogel mit geringer Fluchtdistanz und verhält sich lautlos. Dagegen warnt das Männchen häufig und laut.

Kluijver u. a. (1940) erwähnen folgende Unterscheidungsmerkmale:

a) Das ♀ singt nicht, jeder singende Zaunkönig ist daher ein ♂

b) Das ♂ brütet nicht, jeder brütende Zaunkönig ist daher ein ♀

c) In der Regel baut das ♂ den Nest-Rohbau, danach übernimmt das ♀ den Innen ausbau.

Diese Merkmale kann ich durch meine Untersuchungen bestätigen. Armstrong (1944) zweifelt a) an, da nach seiner Ansicht die Weibchen ebenfalls singen. Nach meiner Meinung kann der seltene „Wispergesang" der ♀ nicht als Gesang aufgefaßt werden, da es sich um einen Laut handelt, der nur bei Erregung und auch dann lediglich kurzzeitig ausgestoßen wird.

Bei gefangenen Zaunkönigen wird die Geschlechterunterscheidung durch das folgende Verhalten bestätigt: Freigelassene ♂ fliegen einige Meter weit und beginnen sofort laut zu singen, während ♀ lautlos oder mit einem Angstgeschrei im Gebüsch verschwinden. Diese Beobachtungen machten auch Kluijver u. a. (1940).

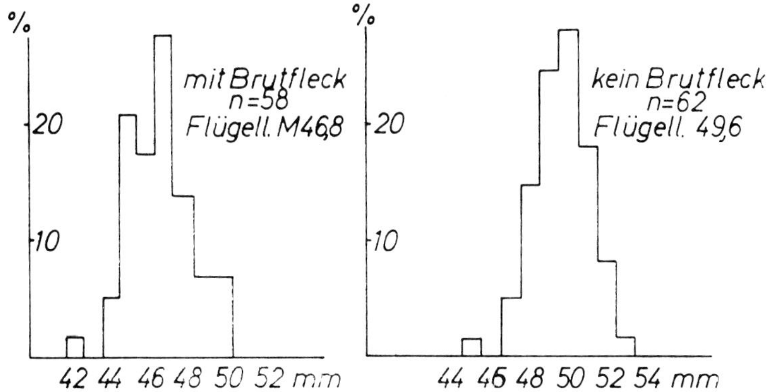

Abb. 5. Von Mai bis Juli auf einem Brutfleck untersuchte englische Zaunkönige in Beziehung zur Flügellänge. Nach Thorne in Bub 1983

4.3.3. *Unterscheidung nach Körpermaßen*

♂ und ♀ lassen sich teilweise nach der Flügellänge unterscheiden (s. Abb. 6 sowie Creutz 1956, Scott 1965, Hartert 1910 und Hawthorn 1971): Individuen zwischen 45–48 mm sind ♀, solche zwischen 48–53 mm sind ♂ (nähere Ausführungen s. Bub 1983).

Bei den von Hawthorn (1971) untersuchten Vögeln handelte es sich um Frühjahrs- und Herbstfänglinge an Schlafplätzen. Die Geschlechter wurden nur anhand der gemessenen Flügellänge bestimmt. Dagegen handelt es sich bei meinen Untersuchungen um eine genauere Geschlechterbestimmung, da die Weibchen im Nest und die Männchen mit Hilfe einer Klangattrappe gefangen wurden. Abb. 6 zeigt, daß es Überschneidungen gibt. Sicher ist, daß Vögel mit einer Flügellänge > 50 mm Männchen sind.

Thorne (1972) berichtet von einem Geschlechterunterschied nach dem Gewicht bei einer Untersuchung einer Zaunkönigpopulation in Wicken Fen, Cambridge. Nach seinen Angaben sind Vögel mit einem Gewicht von 9,0–9,3 g ♀, Vögel mit einem Gewicht von 10,3–11,0 g ♂. Hawthorn (1975) gibt bei seinen Fängen im Herbst bis Frühjahr (1967–1973) anhand von 817 gefangenen Exemplaren Ergebnisse an, die sich den Werten von Thorne nähern.

Die von mir im Nest ergriffenen Weibchen, die mit Klangattrappe gelockten Männchen und die im Herbst mit Japannetz gefangenen Jungvögel zeigen dagegen keine eindeutigen Unterschiede nach diesem Kriterium (s. Tab. 1).

Scott (1965) ermittelte eine Geschlechterunterscheidung nach der Schwanzlänge. Vögel bis 30 mm sind Weibchen und über 32 mm Männchen. Die eigenen Messungen konnten diese Differenzierung nicht bestätigen (s. Abb. 7).

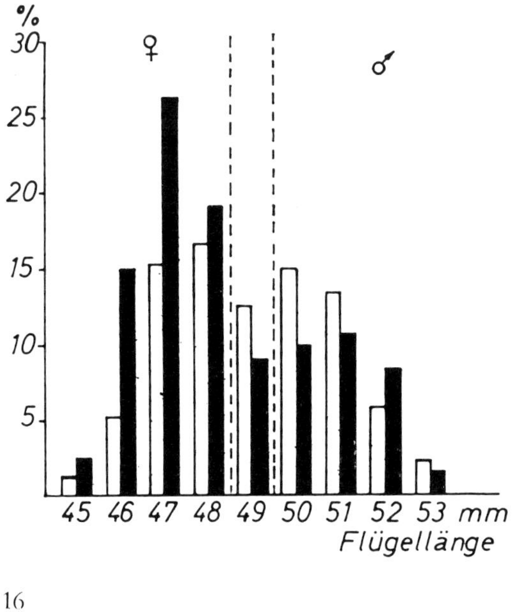

Abb. 6. Unterscheidung der Geschlechter (Anzahl in %) nach der Flügellänge (FL). Hawthorn (England) n = 1306, weiß; Dallmann (BRD) n = 287, schwarz. Vögel mit einer FL > 50 mm = ♂ kleiner 48 mm = ♀, der Überschneidungsbereich liegt bei 49 mm

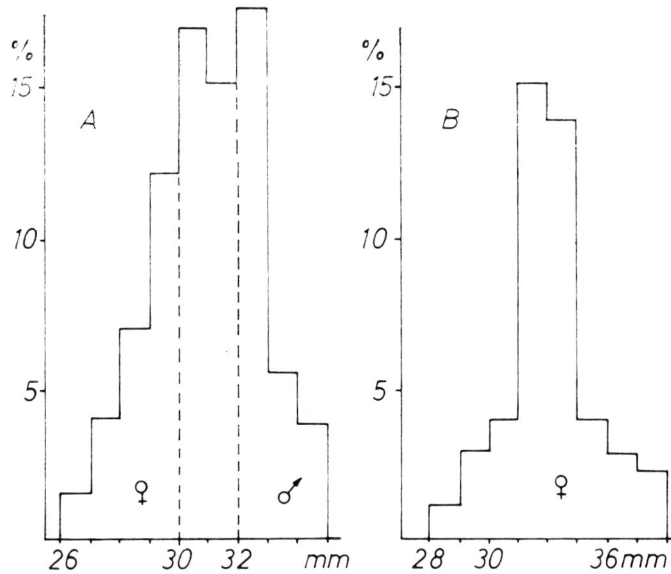

Abb. 7. Messungen von Schwanzlängen des Zaunkönigs zur Unterscheidung der Geschlechter (Anzahl in %). A. Scott (England, Fänglinge (n = 130), B. Dallmann (BRD), ♀ Fänglinge am Nest (n = 184)

Tabelle 1. Gewicht (in g) gefangener Zaunkönige unterschieden nach Geschlecht und Alter. Bei den von Hawthron (1975) in Südengland untersuchten Vögeln handelte es sich um Winterfänglinge, bei den eigenen Untersuchungen um Fänglinge einer Brutpopulation in Baden-Württemberg

Geschlecht/Alter	Gewicht (g)	
	Hawthorn (1975) n = 1168	Dallmann (unpubl.) n = 264
♂ ad.	10,3–11,0	8,4–12,0 (n = 68)
♂ juv.	10,1–10,8	8,3–12,2 (n = 30)
♀ ad.	8,9– 9,5	7,0–11,2 (n = 166)
♀ juv.	8,8– 9,3	–

4.4. Altersunterschiede

Mit großer Sicherheit lassen sich Alt- und Jungvögel bis Ende November anhand der Schädelpneumatisation unterscheiden. Der Zaunkönig gehört zu den Arten, die langsam pneumatisieren. Er benötigt dafür 6 Monate.

Tabelle 2. Durchschnittliches Pneumatisationsstadium ($\bar{x}$) mit Standardabweichungen (s), Extremwerten (E), Modalwert (M) und Anzahl der untersuchten Jungvögel (n) pro Monat. Stadium 1 bezeichnet das unpneumatisierte, Stadium 7 das vollständig pneumatisierte Schädeldach. Nach Jenni u. Winkler 1983

Monat	x	s	E	M	n
Juli	1,00	0,00	1	1	3
August	1,08	0,28	1–2	1	13
September	2,53	0,70	1–3	3	36
Oktober	2,61	0,78	1–3	3	23
November	4,00	1,23	3–6	4	5
Dezember	6,17	0,98	5–7	7	6
Januar	6,83	0,41	6–7	7	6

Die Pneumatisierung zeigt Muster, die denen der Meisen und Goldhähnchen gleichen. Die seitliche Pneumatisierung beginnt früher als bei Meisen (Stadium 3). Sie führt jedoch beim Zaunkönig im Stadium 5 oder 6 nicht zu einer „Vier-Fensterung" wie beim Goldhähnchen, da die lateralen Schenkel der Fenster, schon bevor es zu ihrer Aufteilung kam, pneumatisiert werden (Jenni u. Winkler 1983).

Umstritten sind Unterscheidungsmerkmale nach dem Gefieder (Abb. 8, 9). Hansen u. Oelke (1973) stellten keine Unterscheidungsmerkmale bei Zaunkönigen fest. Dagegen gibt Hawthorn (1971) einige Kriterien zur Bestimmung an (s. nachfolgend). Diese Angaben wurden von Svensson (1975) und einigen schwedischen Beringern sorgfältig überprüft. Weitere Überprüfungen erfolgten von Jenni u. Winkler (1983) und vom Verfasser.

Unterscheidungsmerkmale nach Hawthorn und ihre Überprüfung:

a) Große Flügeldecken (GD):
   Es besteht ein deutlicher Kontrast zwischen vermauserten und nicht erneuerten GD (s. Jugendmauser)

b) Bänder auf der 7. Handschwinge:
   Altvögel: 8–10 ($\bar{x}$ = 9,3)
   Jungvögel: 7–10

c) Streifen auf der 4. Handschwinge:
   Abb. 7a) Enthält breite hellbraune Streifen (7–9) bis zum Schaft
   Abb. 7b) Schmale Streifung (10–12) nicht bis zum Schaft

d) Auf der längsten Alula weisen Jungvögel weniger helle Bänder auf:

Hawthorn:		Jenni u. Winkler:
4–5	für Jungvögel	4–7
6–7	für Altvögel	4–6

e) Unterscheidung nach der Zeichnung an der Außenfahne der Alula:
   Keine Spur von Weiß auf der Alula (Abb. 9a u. b) kennzeichnet Jungvögel.

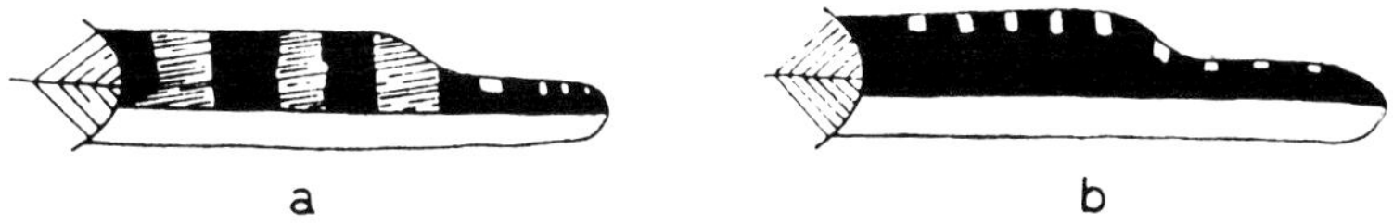

Abb. 8. Streifung der Außenfahne auf der 4. Handschwinge, soweit unbedeckt von den Flügeldecken. a im 1. Lebensjahr, b adulte Vögel. Nach Hawthron in Bub 1983

Von 100 gefangenen Vögeln (Hawthorn) gab es folgendes Ergebnis:
88 ohne Weiß – 1. Lebensjahr
12 mit Weiß – Altvögel

Bei eigenen Untersuchungen von:
155 Weibchen konnten 139 nach Abb. 9e) bestimmt werden,
5 nach Abb. 9d),
11 waren unbestimmbar
67 Männchen konnten 28 nach Abb. 9d) und
29 nach Abb. 9e) bestimmt werden
10 waren unbestimmbar.

Die Außenfahne der Alula weist bei Jungvögeln eine deutliche dunkle Bänderung auf. Bei Altvögeln überwiegt eine gelbbraune Farbe. Schwierig ist die Bestimmung von Vögeln im 1. Lebensjahr in den Monaten September bis Oktober (zu dieser Zeit weisen die juv. noch eine deutliche gelbe Schnabelwulst auf).

Bei den Untersuchungen wurde nur die rechte Alula betrachtet. Stichproben zeigten, daß es Unterschiede zwischen der rechten und linken Alula gibt.

Zusammenfassend kann gesagt werden, daß alle Unterscheidungsmerkmale keine sichere Differenzierung erlauben. Daher sollten die Merkmale nur in Verbindung mit anderen eindeutigen Kennzeichen benutzt werden.

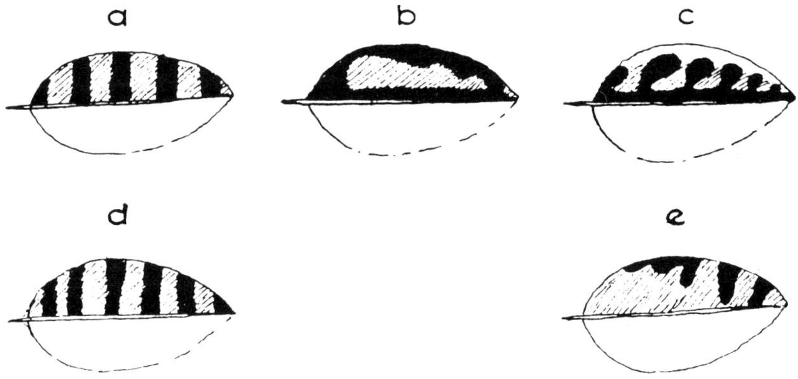

Abb. 9. Färbungstypen der großen Alula-Feder bei Alt- und Jungvögeln. a–c nach Hawthorn 1971, d–e Dallmann in Bub 1983

4.5. Maße

Körperlänge: 88–100 mm (Naumann 1897; Dallmann, M_{264} = an Lebendvögeln 106 mm (Weibchen sind im Durchschnitt 6 mm kleiner).
Flügellänge: 47–50 mm (Hartert 1910, Heinroth 1924–1933, Küchler briefl. M_{20} = 47,15 mm). Mit Angabe der Geschlechter: ♂ in England 46–50 mm, Dänemark 48–51,5 mm, Norwegen 45–49 mm (Salomonsen 1933). Nach seiner Ansicht sind nordische Exemplare größer!
Im Süden der BRD ermittelte Verf.: ♀ M_{166} = 46,87 mm und ♂ M_{71} = 50,8 mm.
Unterscheidung Adulte und juv.: (Hawthorn 1975): ad. M_{515} = 49,47 und juv. M_{653} = 48,31 mm; Creutz (briefl.): ad. M_{56} = 48,4 mm und juv. M_{14} = 46,9 mm.
Schwanz: 29–35 mm (Naumann 1897, Hartert 1910, Heinroth 1924–1933 und Witherby 1938). Bei M_{130} = 30,75 (Scott 1965), eigene Messungen M_{264} = 33,9 mm. Die Länge der Steuerfedern beträgt 30–37 mm (Hansen u. Oelke 1973).
Schnabellänge: 9,8–14 mm. Bei M_{130} = 13,53 mm (Scott 1965), eigene Messungen M_{164} = 10,8 mm und die Schnabeltiefe 3,1 mm.
Tarsus: 17–18,5 mm (Witherby 1938), Scott (1965) M_{264} = 18,63 mm, eigene Messungen M_{264} = 19,6 mm.
Innere Fußspanne: Eigene Messungen M_{264} = 24,4 mm.
Hintere Kralle: Eigene Messungen M_{264} = 6,4 mm.
Gewicht: M_{79} = 9,93 g (Creutz briefl.), M_{10} = 9,3 g (Küchler briefl.), M_{130} = 8,9 g (Scott 1965), M_{817} = 8,8–11,0 g (Hawthorn 1975), M_{1130} = 8,5 g beim Herbstzug (Bairlein 1981), M_{264} = 10,1 g in der Brutzeit, eigene Messungen.

5. Mauser

Die Jugendmauser (Hawthorn 1973, Bub 1983, Jenni u. Winkler 1983) umfaßt sämtliche Kopf- und Körperfedern sowie die „Kleinen und Mittleren Flügeldecken und eine wechselnde Zahl von Großen Armdecken (GAD). Frühe Jungvögel erneuern auch den Schwanz, das Großgefieder und manchmal das Tertial. Entsprechend dem Schlüpfdatum hat auch die geographische Herkunft einen Einfluß auf die Ausdehnung der Jugendmauser. Spätausgeflogene juv. mausern nur das Kleingefieder.

Nach Jenni u. Winkler (1983) werden von 10 GAD durchschnittlich 4,2 Federn vermausert (in der Regel handelt es sich um die 3. bis 6. GAD). Ab vier erneuerten GAD kann auch eine Schirmfeder (meist 9. Armschwinge) ersetzt werden, ab fünf neuen GAD selten zwei Schirmfedern. Rund die Hälfte der Vögel mit fünf oder mehr GAD mausern auch die kleine Alulafeder. Bei einem Exemplar von acht erneuerten GAD wurde die gesamte Alula ausgewechselt. Bei sieben diesjährigen Vögeln stellte Senk (briefl.) eine Schwanzmauser fest.

Mauserablauf: Die Steuerfedern fallen im Alter von 10 Wochen ziemlich synchron aus und sind in etwa 18 Tagen wieder nachgewachsen. Dabei wird ungleich vermausert, z. B. links S1 und S4 und rechts S1, S4 und S6 (Kasparek 1981).

Tabelle 3. Durchschnittliche Anzahl vermauserter Großer Armdecken GAD ($\bar{x}$) mit Standardabweichung (s) und Extremwerten (E) und prozentualer Anteil der Vögel mit einer oder mehreren vermauserten Schirmfedern (SF) und Alulafedern (A) sowie durchschnittliche Flügellänge ($\bar{x}$) mit Standardabweichung (s) für alle untersuchten Vögel sowie für die durch Selektion bestimmten ♂ allein (für die ♀ liegt zu wenig Material vor). n = Anzahl der untersuchten Vögel. Zwischen Vögeln vom Col de Bretolet VS und solchen aus der übrigen Schweiz bestehen weder in der Flügellänge noch im Umfang der Jugendmauser Unterschiede. Die Unterschiede in der Flügellänge zwischen den Stichproben September und Okt./Nov. (♂ + ♀) sowie Dez.–Feb. und April (♂ + ♀, ♂) sind statistisch gesichert (t-Test, $p \leq 0{,}05$).
Nach Jenni u. Winkler 1983

	GAD			SF	A		Flügellänge ♂ + ♂			Flügellänge ♂		
	$\bar{x}$	s	E	%	%	(n)	$\bar{x}$	s	(n)	x	s	(n)
September	5,30	1,03	3–7	59	50	(15)	48,20	2,38	(42)	49,17	2,02	(3)
Okt./Nov.	3,96	2,12	0–8	29	17	(12)	49,26	1,60	(42)	50,14	0,86	(11)
Dez.–Febr.	3,21	1,77	0–6	21	7	(14)	49,40	1,55	(27)	50,00	0,97	(17)
April	4,50	2,38	2–7	38	25	(4)	48,22	1,39	(9)	49,00	0,89	(6)

Für die Vollmauser benötigt der Vogel 6 Wochen. Die Körpermauser beginnt eine Woche bevor der Schwanz und das Großgefieder verlorengehen.

Mauserbeispiel (Senk briefl.): Rechts, 8. AS (Kiel 6 mm lang); Schwanz: 4 alte Federn, neue Kiele 2–3 mm (ungleichmäßig, links S 3 und rechts S 1). Oberseite 2/3 in Mauser, Kopf weniger als 1/3, Hinterkopf in Mauser. Flügel links: Zwei neue GD in Kielen. Mittlere Decken: 1/3 in Mauser, Kleine Decken: mehr als 1/3. Flügel rechts: Sechs neue GD in Kielen (äußere alt). Mittlere Decken in Kielen (4. äußere alt). Kleine Decken mehr als 2/3 in Mauser.

Es besteht ein deutlicher Kontrast zwischen vermauserten GD, die eine rehbraune Farbe besitzen, und rötlichen ungemauserten.

Die postjuvenile Mauser oder Teilmauser bei spätausgeflogenen Jungvögeln beginnt Ende Juli oder Anfang August und wird bis Ende Oktober abgeschlossen. Der stärkste Gefiederwechsel findet in den unteren Partien statt. Das gleichförmige Braun der Jungen wird zu einem verwachsenen Braungelb, und die Unterschwanzdecken bekommen großgepunktete Muster.

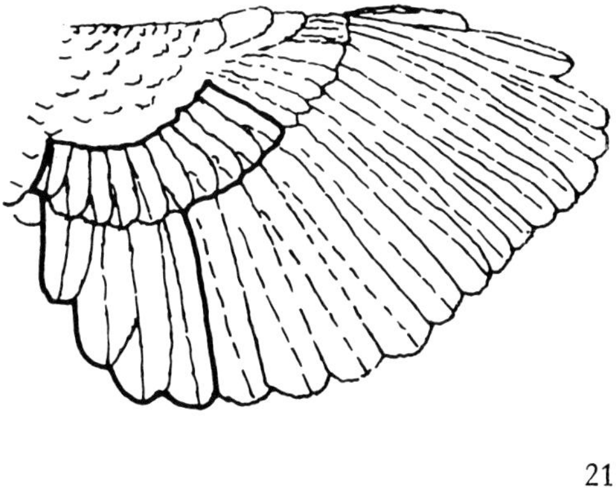

Abb. 10. Flügel eines Jungvogels nach der Jugendmauser. Darstellung der Mausergrenzen in der Reihe der Großen Armdecken (äußere 5 = Jugendfedern, innere 5 = vermausert) und im Bereich der Schirmfedergruppe (innerste, d. h. 9. Armschwinge vermausert). Nach Jenni u. Winkler 1983

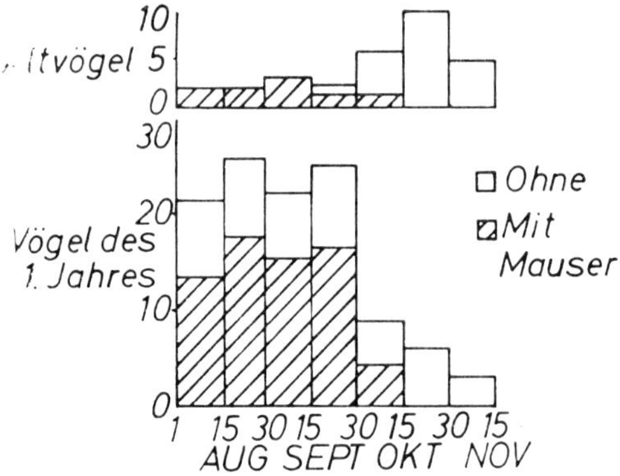

Abb. 11. Mauseruntersuchungen an Zaunkönig-Herbstfängen (1970–1972) auf einer Studienfläche in Thatcham, Bershire, England. Nach Hawthorn 1973

Jahresmauser: In der Zeit von Ende Juli bis September auch Oktober findet die Vollmauser statt. Aus 19 britischen Mauserprotokollen wurde errechnet, daß der Vogel im Mittel 61 Tage bis zur Erneuerung des Großgefieders benötigt (Thorne in Kasparek 1981). Hieraus folgt eine theoretische Mauserzeit vom 29. Juli bis 27. September. Zwei mehrmals kontrollierte Vögel brachten es auf 67 Tage. Auf der Station Mettnau am Bodensee hatte ein Vogel bereits am 6. Oktober die Mauser vollständig abgeschlossen.

Ruhemauser: In der Zeit von Januar bis Ende April werden Kopf- und Kehlfedern vermausert. (Vaurie 1951, bei 35 Fällen aus Europa und Asien). Bei eigenen Fänglingen konnte keine Ruhemauser beobachtet werden.

6. Lautäußerungen

Der Zaunkönig verfügt über einen lauten und recht auffälligen Gesang und einige markante Rufe. So ist es auch nicht verwunderlich, daß die Chippewa-Indianer in Nordamerika ihm den Namen „a big noise for its size" gaben (Armstrong 1955).

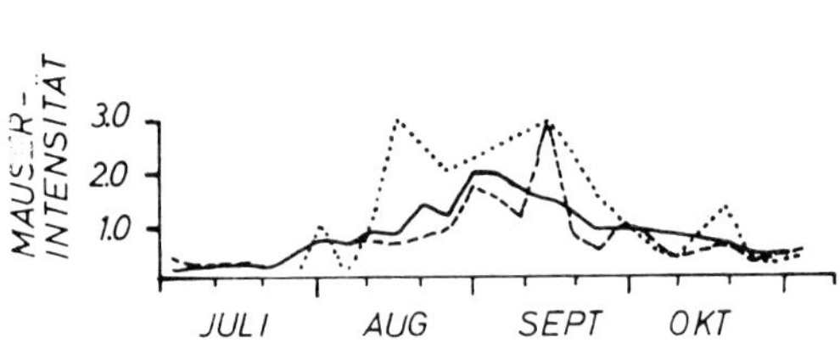

Abb. 12. Verlauf der mittleren Intensität der Kleingefiedermauser des Zaunkönigs auf den Fangstationen Mettnau, Reit und Illmitz der Vogelwarte Radolfzell. Dickgestrichelte Linie = Jungvögel, durchgezogene Linie = Gesamtzahl der Vögel, dünngestrichelte Linie = Jungvögel. Nach Kasparek 1981

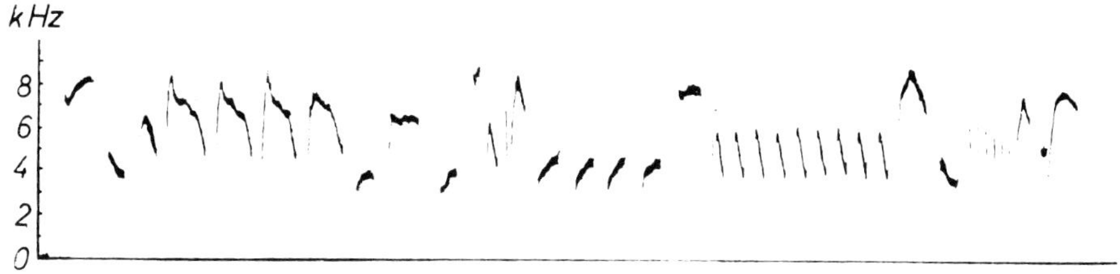

Abb. 13. Sonagramm einer vollständigen Gesangsstrophe beim Zaunkönig. Nach Thielcke 1961

6.1. Gesang

Die vollständige Strophe besteht aus folgenden Teilen (s. Abb. 13): Einleitung – Schmettertour – Zwischentöne – 2. Schmettertour – Zwischentöne – Roller. In der Regel sind es Reihen von 3 bis 6 schmetternden Tönen. Innerhalb einer Minute können 5 bis 6 Strophen vorgetragen werden, jede mit einer Dauer von 4–5 s und mit Pausen gleicher Länge.

Armstrong (1945) stellte 130 Laute innerhalb einer Strophe von 7,6 s fest. (Das menschliche Ohr kann nur 30 bis 50 Laute registrieren.) Die Frequenz beträgt nach Brandt (in Armstrong 1955) 8775 Hz. Der Durchschnittswert liegt bei 4000 Hz, dies entspricht dem höchsten Ton eines Klaviers.

Bei guten Bedingungen kann der Vogel auf einer Entfernung von über 500 m gehört werden. Armstrong (1955) berichtet von extremen Entfernungen bei einigen Inselarten, z. B. 800 m beim St. Kilda-Wren.

Heuwinkel (1982) untersuchte den Dämpfungseffekt der Vegetation bei einigen Vogelarten, u. a. beim Zaunkönig: Im Frühjahr üben Schilf- und Brennesselstreifen eine große Dämpfungswirkung auf den abgestrahlten Gesang aus. Im Sommer wies ein Schilfstreifen eine Dämpfung von 13,8–14,4 dB (bei 4–8 m Entfernung) auf (vgl. Abb. 14).

In der Regel wird der Gesang während der Brutzeit von höheren Singwarten vorgetragen (s. 6.1.1.), so daß die Lautstärke nicht gedämpft wird. Weibchen-Gesang ist selten und sehr leise (Kluijver u. a. 1940, Gerber 1963).

Jungvögel beginnen im Oktober mit einem leisen und unvollständigen Gesang. Gelegentlich singen Männchen im Wahlnest, um ein Weibchen herbeizulocken.

6.1.1. *Verhalten während des Gesanges und Singwarten*

Als typisches Zeichen von Erregung hat der Zaunkönig beim Singen den Schwanz steil aufgerichtet. Der Gesang wird von niedrigem Gestrüpp in Bodennähe bis hinauf in die höchsten Spitzen der Bäume (über 15 m) vorgetragen. Dieses Verhalten zeigt sich sehr deutlich beim Vorspielen einer Klangattrappe. Zuerst nähert sich der Revierverteidiger dem vermeintlichen Nebenbuhler. Sobald er das Tonband erkundet hat, fliegt er die nächste Singwarte an und klettert Ast für Ast höher bis in die Spitze. Hierbei werden vorwiegend kleine trockene Äste am Stamm benutzt. Im

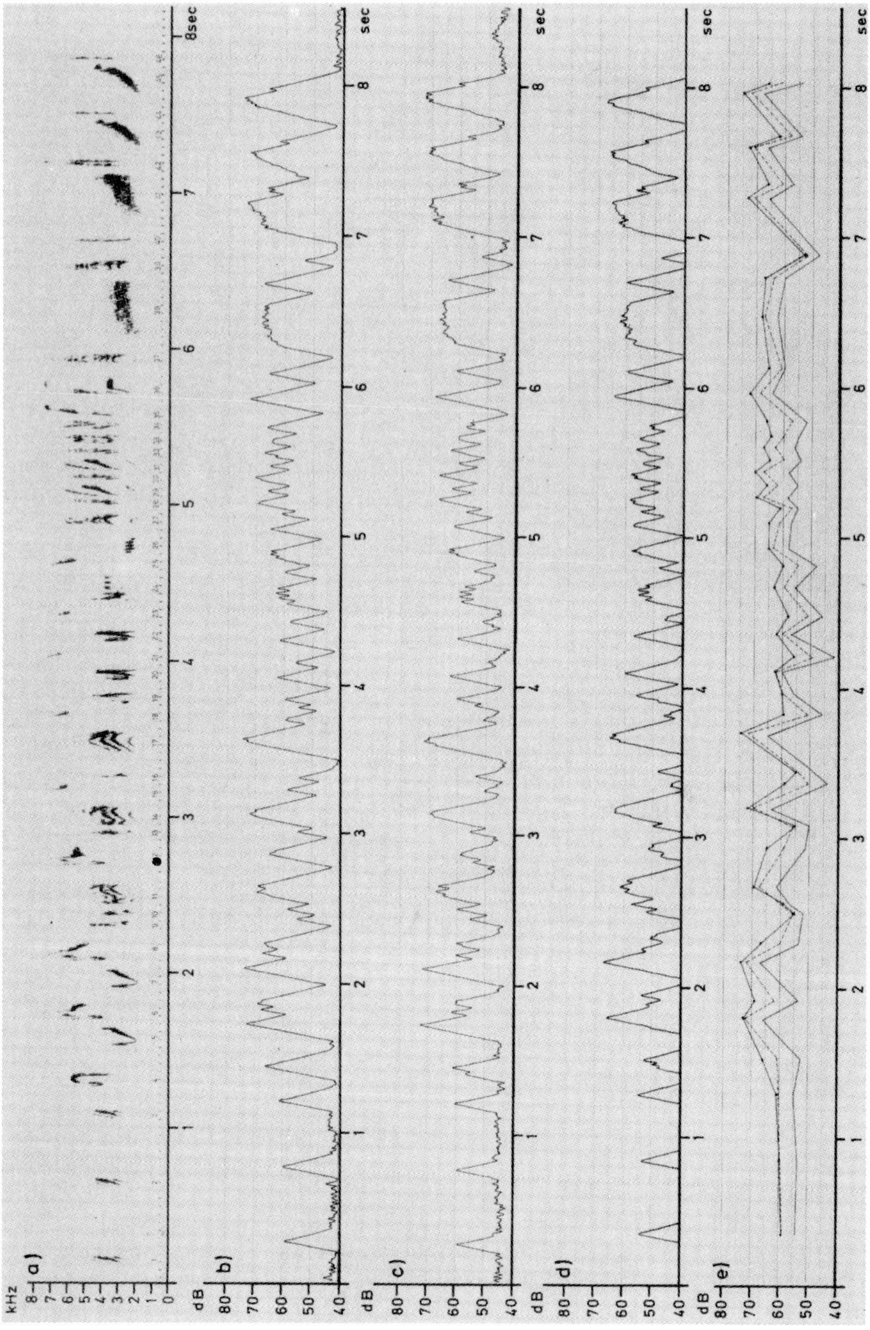
a)
b)
c)
d)
e)
kHz
dB
sec
8sec

Flug zur nächsten meist etwa 20 m entfernten Singwarte wird kurz gesungen, der singende Eindringling in großer Höhe in einem weiten Umkreis „umzingelt". Ab und zu erfolgt ein Erkundungsflug direkt auf den Störenfried.

6.1.2. *Gesangsaktivitäten innerhalb des Jahres*

Bekannt ist, daß der Zaunkönig auch im Winter singt. Die Abb. 15 zeigt, daß die Gesangsaktivität in den Wintermonaten aber recht gering ist.

Die größte Aktivität ist in den Monaten April bis Juli (Brutzeit) zu verzeichnen. Ein Abfall erfolgt in der Zeit des Mauserbeginns (August). Während der Zugzeit im Oktober erfolgt wieder ein kleiner Aufwärtstrend. Im November singt der Vogel selten, und im Dezember ist seine Strophe nur bei milden Witterungsperioden zu hören.

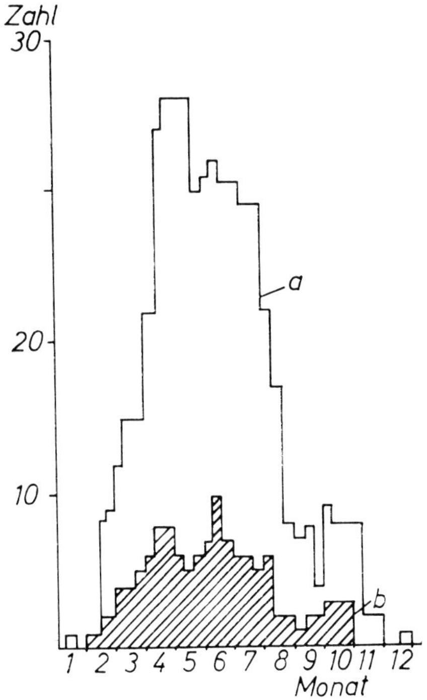

Abb. 15. Monatliche Gesangsaktivitäten beim Zaunkönig. a Gnielka 1969 (DDR), b Armstrong 1955 (England)

Abb. 14. Gesangsausbreitung beim Zaunkönig.
a) Abgestrahlter Gesang (2 Strophen) Sonagramm, b Schalldruckpegelkurve im „freien Schallfeld", c im Frühjahrs-Schilffeld, d im Sommer-Schilffeld (Entfernung Lautsprecher-Mikrofon 8 m), e Pegelspitzen der Kurven b–d eingetragen und miteinander verbunden (– – – „freies Schallfeld", – – – – Frühjahrs-Schilffeld, ––––– Sommer-Schilffeld). Nach Heuwinkel 1982

Die Herbstlieder des Zaunkönigs klingen durchweg „dünn" und kraftlos, oft fehlt ihnen der Schlußtriller (Gnielka 1969). Nach meinen Beobachtungen handelt es sich bei diesen Sängern um Jungvögel, die im Herbst mit dem Gesang beginnen. Einige dieser „Gesangsstümper" konnten von mir in der Nähe der Singwarte gefangen und als diesjährige Vögel bestimmt werden. An milden Frühjahrstagen beginnen die Überwinterer mit ihrem Gesang, z. B. konnte ich am 5. Februar einen vollständigen Gesang hören.

6.1.3. *Täglicher Gesangsablauf*

Die Histogramme (Abb. 16) zeigen, daß in den Brutmonaten Mai und Juni die Gesangsspitze zwischen 5 und 6 Uhr liegt. Die Sangesbeginne sind abhängig von der Übernachtungstemperatur und von der Helligkeit (Abb. 17). Interessant ist, daß die Vögel nach kalten Nächten nicht länger schlafen. Jede Bewegung am kalten Morgen bedeutet Verbrauch von Energie (Garson u. Hunter 1979). Wahrscheinlich treibt der Hunger die Vögel zum „Frühaufstehen"?

In der Brutzeit beginnt der morgendliche Gesang kurz nach 3 Uhr (25. 5.: 3.17 Uhr, 28. 5.: 3.17 Uhr, 29. 5.: 3.22 Uhr, 14. 6.: 3.07 Uhr – Groebbels 1956). Im Laufe

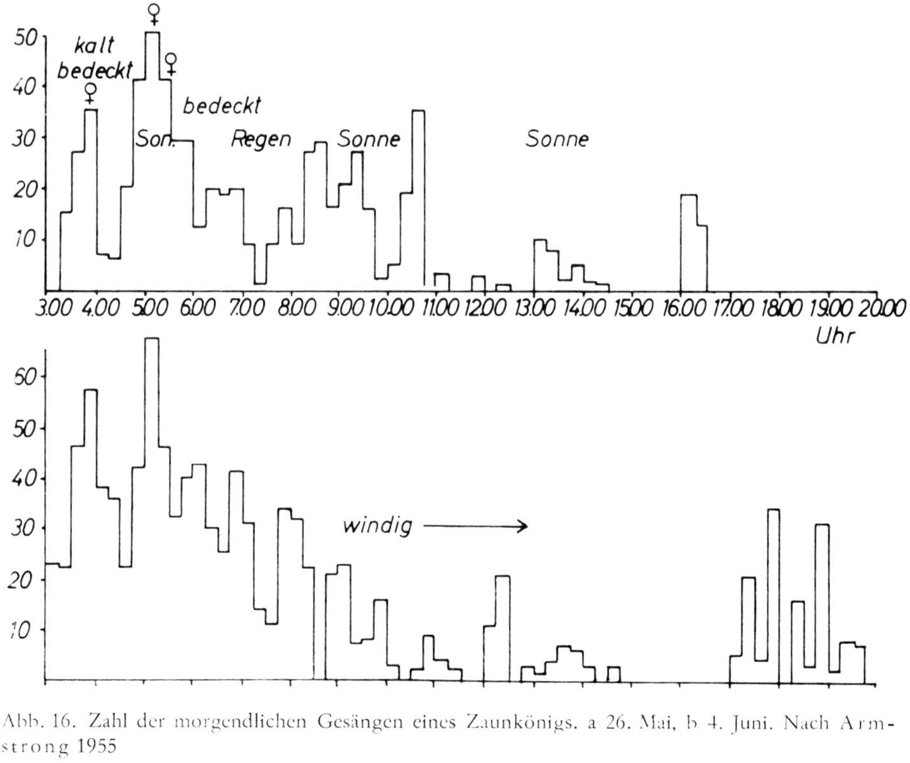

Abb. 16. Zahl der morgendlichen Gesängen eines Zaunkönigs. a 26. Mai, b 4. Juni. Nach Armstrong 1955

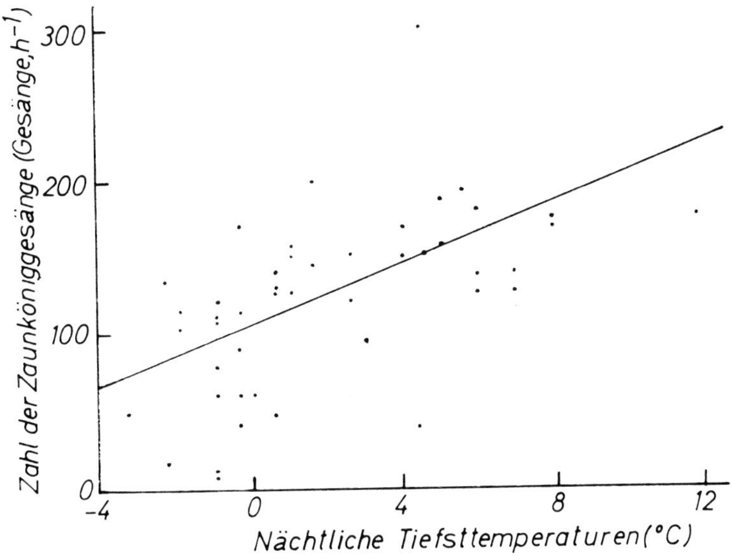

Abb. 17. Gesangsaktivitäten des Zaunkönigs in Abhängigkeit von der Nachttemperatur. Nach Garson u. Hunter 1979

des Vormittags erreicht der Gesang seinen Höhepunkt und nimmt dann wieder ab; eine weitere Spitze wird in den Abendstunden erreicht. Marplen (1940) ermittelte während der Brutsaison durchschnittliche Werte für den Sangesbeginn: 21,55 Minuten vor Sonnenaufgang und 13,4 Minuten nach Sonnenuntergang. Dies entspricht einem Singtag von 17 Stunden.

Nach Schmitz u. Middel (1966) gibt es keine konstante Sing- oder Weckhelligkeit, sondern eine tägliche endogene Vogelrhythmik (s. auch Scheer 1964).

6.1.4. *Gesangstypen*

Reviergesang. Bei dem Reviergesang handelt es sich um eine vollständige Strophe (s. 6.1.), die häufig wiederholt wird.

Der Gesang wird von einer Singwarte in der Nähe des Nachbarreviers vorgetragen. Er dient zum Erkennen der Reviergrenzen und von Identität und Geschlecht des Sängers. In der Brutsaison artet dies häufig zu Gesangsduellen (Wechselgesang) der Rivalen aus. Es kommt vor, daß mehrere Männchen gegeneinander singen. In der Regel singen die „Platzherrn" stärker als die Eindringlinge. Zur Abschreckung fliegt der Verteidiger dem Herausforderer entgegen. Daher unterteilt Armstrong (1955) den Reviergesang in einen „Verteidiger- und Herausforderergesang." Der letztere Gesang ist gedämpfter, überfüllt und etwas rauh. Die streitenden Vögel zeigen dabei folgendes Verhalten: Sie nähern sich einander, der Verteidiger will mit dem Eindringling kopulieren und zeigt Übersprungverhalten, wie Zweige-Picken oder Schnabelwetzen. Durch das Verhalten des Gegners erkennt er, daß es sich hier um ein Männ-

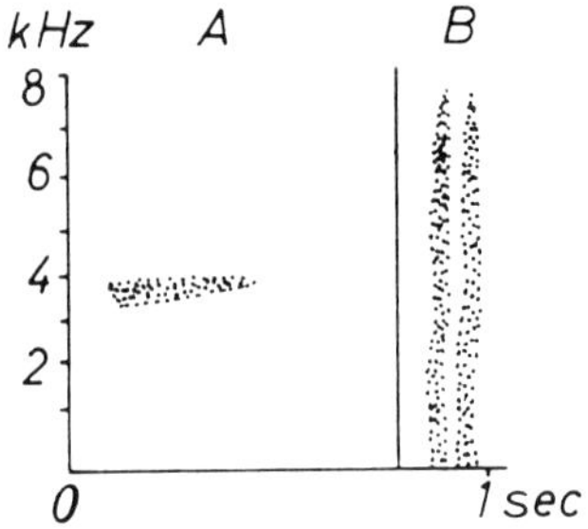

Abb. 18. Zaunkönig-Rufe nach Marler 1956. A Rufe eines frisch ausgeflogenen Zaunkönigs (schwierig zu orten) B Rufe beim „Hassen auf Eulen“

chen handelt und greift diesen an (s. Verhalten). Angesungene Weibchen verhalten sich gegenüber einem Männchen gleichgültig (sie singen nicht, weichen auch nicht zurück).

Kluijver u. a. (1940) stellten fest, daß bei Zaunkönigen, die unvollständig singen, der volle Gesang erst nach der Paarung erfolgt (Steuerung durch Hormone).

Werbe- oder unvollständiger Gesang. Das Männchen trägt diesen Gesang leise und zwitschernd bei Anwesenheit eines Weibchens oder beim Führen von ausgeflogenen Jungvögeln vor. Dies ist ein Ausdruck höchster Erregung. Führt ein Männchen ein Weibchen zu einem seiner Nester, so beendet er vor Erregung die Strophe noch schneller.

Nur aus allernächster Nähe kann man den „Wispergesang“ hören, der beim Brüten Füttern der Nestlinge, Bewachen von ausgeflogenen Jungvögeln oder als Aufforderung zum Schlafengehen erfolgt.

Wie bereits erwähnt, tragen diesjährige Vögel einen unvollständigen Gesang vor. Es hat den Anschein, als wollten die Jungen die Strophe üben. Ad. Männchen reagieren nicht auf diesen Gesang.

Rufe. Den Hauptruf „*zerr, zerr*“ äußert das Männchen bei der Revierpatrouille, beim Nestbau oder bei der Werbung. Gelegentlich hört man ihn im Herbst oder im Winter vom Weibchen. Bei der Werbung kann beim Männchen auch ein „*tscherr*“ erklingen, dies bedeutet höchste Erregung. Das „Ticken“ der Männchen wird in vielen Situationen vorgetragen, besonders bei der Anwesenheit von ausgeflogenen juv. Es wird von diesen auch als Warnruf verstanden. Das Weibchen verwendet es als reinen Alarmruf.

Der Bodenfeind-Warnlaut (von beiden Geschlechtern) besteht aus einer Reihe rollendem „Getick“. Gefangene Männchen stoßen beim Freilassen einen hohen scharfen Angstlaut aus: „*Tzr, tzr*“. Nähert sich ein Männchen einem Weibchen im Nest, so antwortet dieses mit einem leisen „*schetter*“.

Beim Einfliegen in den Winterschlafplatz erklingt von beiden Geschlechtern ein zartes schrilles „*tick*“. Mit größerer Lautstärke dient dieser Ruf zur Verständigung beim Zug.

Bei sexueller Erregung (Männchen in der Nähe) hört man vom Weibchen einen scharfen hohen Balzruf. Vor der Kopulation stößt das Männchen einen leisen und scharfen Ruf aus (ähnlich dem scharfen Ruf des Haussperlings).

Nähert sich ein Altvogel mit Futter den juv., so äußern diese einen Bettelruf. Erscheinen Feinde in ihrer Nähe, beginnen sie zu „ticken“ (nicht so intensiv, wie bei ad.).

7. Lebensraum

Der Zaunkönig ist sehr anpassungsfähig und kommt daher in den unterschiedlichsten Lebensräumen vor. Bevorzugt werden jedoch Mischwälder mit einer dichten Krautschicht (Brennesseln, Farne oder Gräser). Wälder mit Schonungen, Wegeböschungen, Erdanrissen, Windbrüchen mit Baumstümpfen, Reisighaufen oder Holzstößen werden gern bewohnt. Es besteht eine Vorliebe für feuchte Böden. Die eigenen Untersuchungen ergaben die höchste Brutdichte (s. Dichte) im Bereich von Bächen in Mischhochwäldern. Witt u. Nickel (1971) berichten von Brutvögeln im Spandauer Forst in Berlin-West: „Die Hauptbesiedelung lag im Bereich der Feuchtgebiete mit einem Grundwasserspiegel von 0–2 m unter Flur (79 % der Reviere). Daneben war ein Vordringen in trockenere Bereiche der Dünenkette zu vermerken, sofern ausreichend Gebüsch vorhanden war (Grundwasser 2–3 m unter Flur). In sehr dichte Gebüschzonen drang die Art nicht ein.“

Im ausgespültem Wurzelwerk von Bächen und Flüssen findet der Vogel ideale Lebensbedingungen, genügend Deckung, Nahrung und versteckte Nistplätze.

In den Ortschaften trifft man die Art in Hecken und Sträuchern sowie in Ruinen und Mauern (dieses Auftreten ist jahreszeitlich bedingt). Freistehende Hütten oder Gebäude werden ebenfalls aufgesucht, desgleichen überwachsene Zäune sowie Dornen- und Brombeergestrüpp, worin sich der Zaunkönig gut verstecken kann.

Die Art fehlt auf rein landwirtschaftlichen Flächen oder in vegetationsarmen Stadt- oder Industrielandschaften, kommt aber auf Halden und im Tagebaugelände vor (Ryssel u. Schwarz 1981).

Im Küsten- oder Inselbereich lebt sie in der Busch- oder Krautschicht (z. B. Heidekraut), an den Steilküsten und Klippen in geschützten Spalten und Löchern, die mit Moos und Gesträuch überzogen sind, sowie an sumpfigen Stellen im Fels und Geröll (Voous 1962).

Zaunkönige überwintern in großer Zahl im Schilf, s. Überwinterung (Hawthorn u. Mead 1975, Bairlein 1981).

Im Sommer werden Lebensräume mit Singwarten bevorzugt und im Winter Gebiete mit einer dichten Krautschicht.

Auf den ozeanischen Inseln in Heideflächen, im kahlen Moorland an kleinen Gewässern und Gräben (Sharrock 1976).

Im Gebirge in Jungwuchsflächen, Dickichten und im Bereich der Waldgrenze oft bis in die Legföhrenbestände und zwergstrauchbewachsenen Blockfelder (Corti 1959, Glutz 1962, Walde u. Neugebauer 1936).

Im Mittelmeergebiet, z. B. auf Sardinien: In der dichten Macchie, in Stieleichenwäldern, Geröllhängen und in Steilwänden (Sudhaus 1966). Auf den Inseln in der Ägäis (Kreta, Rhodos, Karpathos) in Zypressen- und Kiefernwäldern, Wacholdergestrüpp und in den oberen Bergregionen (Stresemann 1943, Kinzelbach u. Martens 1965 ,Verf.).

Höhenverbreitung: Zaunkönige dringen bis in höhere Gebirgslagen vor, brüten dort aber nicht, da wahrscheinlich nicht genügend Nahrung zur Aufzucht einer Brut vorhanden ist. Der höchstgelegene Brutnachweis stammt vom Arolla, 2060 m hoch (Glutz 1962). Beobachtungen zeigen, daß der Vogel auch in höhere Lagen hinaufzieht, so z. B. auf den St. Bernhard, 2473 m ü. NN (Glutz 1962). Corti (1959) erwähnt mehrere Vorkommen in höheren Lagen, u. a. in den hohen Tauern vom 6. bis 13. September in 1930–2000 m Höhe, Löhrl (1963) im Ötztal in 2930 m Höhe. Die Vögel kommen bis zur Waldgrenze (Alpe Nemes, über 1900 m) in Italien vor (Ortner 1978). Im Bereich des Großglockners (1850–1950 m) brütet der Zaunkönig an der Nord- und Südseite (Winding briefl.). Ein singendes Männchen konnte in 2100 m Höhe beobachtet werden.

In Bulgarien, Rila- und Piringebirge gibt es Vorkommen bis 2400 m und Bruten in 1850 m (Flössner 1972). Köhler (1973) im NSG Teberda (Kaukasus, UdSSR) oberhalb der Waldzone ein singendes Männchen registrieren.

In den Höhenlagen des Mittelmeergebietes: In der Baumregion am Olymp (Makatsch 1950) in 2158 m Höhe ein singendes Exemplar. Bei Prinias in 1800 m Höhe Brutvogel und häufig im Gebirge (Stresemann 1943).

8. Siedlungsdichte und Reviergröße

Es liegen nur wenige Populationsuntersuchungen für den Zaunkönig vor. In vielen Avifaunen und bei Bestandsuntersuchungen fehlen Angaben zur Siedlungsdichte und Reviergröße der Art gänzlich. Möglicherweise spielt hierfür eine Rolle, daß die Nester schwer zu finden sind. Ich hatte bei der Nestersuche keine Mühe, jährlich fand und kontrollierte ich über 200 Nester.

Die Auswahl in Tabelle 4 zeigt die Ungleichwertigkeit von Siedlungsdichteuntersuchungen, die besonders bei der Umrechnung von kleinen Flächen entsteht (z. B. 1 BP auf 0,5 ha Gehölz, dies entspricht rein rechnerisch 20 BP/10 ha). Unbekannt ist auch, ob diese Werte nur auf singenden Männchen oder genau untersuchten Brutrevieren basieren. Der Zaunkönig als polygame Art ist nur über individuelle Markierung, Brutnesterfund und Revierabgrenzung eindeutig zu erfassen. Die Besiedlung von „optimalen Habitaten" verläuft dabei linear. Bei Siedlungsdichteuntersuchungen dürfen daher nicht nur kleine oder „Ideal-Habitate" untersucht werden, sondern es muß die gesamte Umgebung mit erfaßt werden. Die nachfolgenden Hochrechnungen über die Verbreitung der Art in den einzelnen europäischen Ländern sind deshalb ebenfalls kritisch zu bewerten.

In Europa ist der Zaunkönig eine der häufigsten Vogelarten. In England und Irland beträgt die Gesamtpopulation etwa 10 Mill. Brutpaare (BP). Er ist hier der Brutvogel mit der größten Dichte: 3000 BP/10 qkm (Sharrok 1976). In Spanien gilt er als die verbreitetste und die dominierende Art (Bongiorno 1982). Nach dem „Atlas de Oiseaux Nicheurs de France" belegt der Zaunkönig in Frankreich Platz 9. Im „Atlas van de Vogels in Belgie en West-Europa" (Lippens u. Wille 1972) sind für Belgien 200000 BP aufgeführt. In Finnland beträgt der Gesamtbestand etwa 6000 BP. Im friesischen Teil der Niederlande mit einer Fläche von 19000 ha (die

Tabelle 4. Siedlungsdichte des Zaunkönigs in verschiedenen Landschaftsformationen, Auswahl (Über die Problematik solcher Untersuchungen s. Text!)

Typ/Ort	Größe (ha)	Abundanz (BP/10 ha)	Autor
Laubwald (feucht und unterholzreich)			
Eichen-Hainbuchen	25	6,0	Pfeifer u. Keil
u. Vergleichsfläche	18	2,8	1961
(Frankfurt/Main)			
Wald	–	3,5–7,0	Schuster u. a.
(Bodensee)			1983
Gutswald u. Park	46	1,5	Grebe
(Hessen)			1976
Bünsdorfer Holz	10	4	Ryssel u. Schwarz
Kollenbeyer Holz	10	3,3–3,9	1981
(bei Merseburg)			
Erlenwald	–	0,6–7,2	Klafs u. Stübs
Laubwald	–	0,6–2,5	1977
(Mecklenburg)			
Eschen-Erlenwald	10	5	Wesolowski
(Białowieza, Polen)			1981
Akazien/Pappeln	10	2	Sellin
(Armenische SSR)			1975a
Nadelwald			
Fichten-Windbruch	6	27	Gatter
(Schwäbische Alb)			1970
Fichten-Altbestand	10	1–3	Peitzmeier
Kiefern-Altbestand	10	3–4	1979
(Westfalen)			
Brachflächen/Feldgehölze			
Brachfläche	60	0,8	Brandl u. Walberger
(Oberpfalz)			1982
Ödland	3,17	6,3	Dürnberg
Gehölz	0,5	20	1978
(Stadtrand Elmshorn)			
Wacholderheide	–	3	Peitzmeier
Buschreihe in Wiesen	–	1–2	1979
(Westfalen)			
Feldgehölze		0,7–1,4	Klafs u. Stübs
(Mecklenburg)			1977
Landwirtschaftliche Flächen			
Fläche mit 75% Landwirtschaft		0,06–0,47	Oelke in Bögershausen
			1978

Typ/Ort	Größe (ha)	Abundanz (BP/10 ha)	Autor
Parks und Gärten			
Pfaueninsel (Berlin)	68	0,4	Witt 1978
Baumschule (Elmshorn)	27,88	0,4	Dürnberg 1978
Wasenwald (Reutlingen)	10	4	Badtke u. a. 1971
Park (Göttingen)	15 38	2,0 3,4	Heitkamp u. Hinsch 1969
Parkwald (Hildesheim)	18,6	5,4	in Bögershausen 1978
Gärten Park (Westfalen)	– –	5 2	Peitzmeier 1979
Park, Eichen/Ahorn (Wroclaw, Polen)	10	1	Tomialojc 1977
Wesermündung	8,2	8,5	Panzer u. Rauhe 1978
Fichtenwald/Torfmoos (Harz)	100	0,5	Lehmann in Bögershausen
Kiefern (Lubminer Heide)	9,75	0,8	Sellin 1975b
Lärchen, 1800 m (Schweizer Alpen)	10	3	Glutz v. Blotzheim 1962
Waldgrenzbereich (Großglockner)	10	1	Winding briefl.
Nadelwald (Mecklenburg)	–	0,4–4,0	Klafs u. Stübs 1977
Nadelwald (Białowieza, Polen)	10	2	Wesolowski 1981
Fichtenschonung (Hainberg)	10,46	12,0	Hill in Bögershausen 1978
Fichtenstangen (Bockenem)	5,0	2,0	Schelper in Bögershausen 1978
Mischwald			
Kiefern/Eichen (Spandauer Forst)	36,8	0,4	Witt 1978

Typ/Ort	Größe (ha)	Abundanz (BP/10 ha)	Autor
Mischwald (Bad Homburg)	9,5	3,2	Wehner 1962
Tannen/Buchen (Schweizer Alpen)	10	5	Glutz v. Blotzheim 1962
Auenwald mit Unterholz			
Auenwald (Halle/S.)	56	1,43	Tauchnitz 1981
Erlenbruch (Hildesheim)	2	15	Becker in Bögershausen 1978
Friedhöfe			
(Cuxhaven)	15	2	Panzer u. Rauhe 1978
(Westfalen)		1–3	Peitzmeier 1979
(Göttingen, Stadtfr.)	13	10	Heitkamp u. Hinsch 1969
(Rostock)		0,6–3,5	Klafs u. Stübs 1977
Siedlungen			
Bauernhöfe Dörfer Stadt/Villenviertel Industriegelände (Westfalen)		1–2/Hof 1–4 1 0,01–2	Peitzmeier 1979
Stadtrand (Elmshorn)	11,4	1,8	Dürnberg 1978
Kleingarten Industriegelände (Göttingen)	54 10	1,1 1,0	Heitkamp u. Hinsch 1969
Kleingarten Dorf Villenviertel (Mecklenburg)		3,2 1,0 0–0,5	Klafs u. Stübs 1977
Talböden (Werdenfelser Land)	275	0,4	Bezzel u. Lechner 1978
Gewässer, Moor, Sumpf			
Koblentzer See (Ückermünder Heide)	10	2–3	Sellin 1974
Murnauer Moos (Werdenfelser Land)	50 37,5	3,8 4,3	Bezzel u. Lechner 1978
Grüngürtel (Leine)	2	5 (1947) 5 (1948) 0 (1960)	Heitkamp u. Hinsch 1969

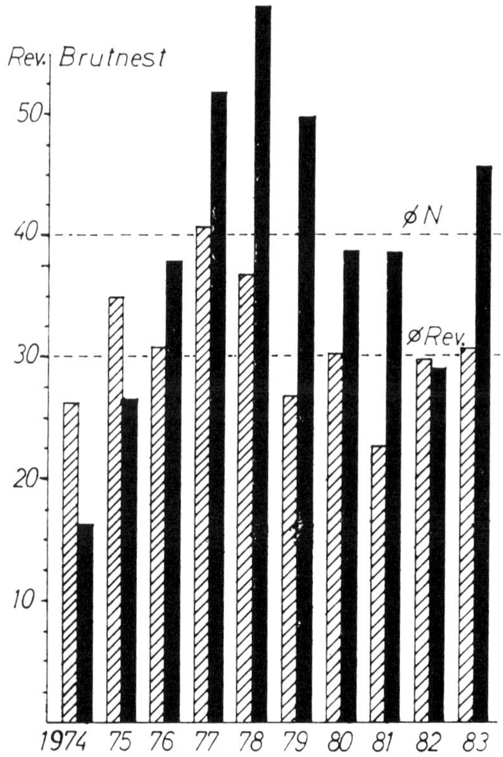

Abb. 19. Anzahl der Brutnester im Verhältnis zur Anzahl der Reviere auf 5 Zaunkönig-Probeflächen in Süddeutschland. Schraffur: Reviere/Jahr, Schwärzung: Brutnester/Jahr

offene Weidelandschaft wurde weggelassen) lebt 1 BP auf 12,5 ha. Rheinwald (1982) gibt für die BRD 1,8 bis 2,9 Mill BP an.

Im Verzeichnis der Vögel der DDR bezeichnet Makatsch (1981) den Zaunkönig als spärlichen Brutvogel. Nach eigenen Auswertungen lokaler Avifaunen trifft dies jedoch nur für wenige Landesteile der DDR zu.

Reviergrößen können nur dann genau ermittelt werden, wenn durch mehrere Begehungen während der Brutzeit die Reviergrenzen und der Inhaber bekannt sind. Das Abspielen einer Klangattrappe im Grenzbereich liefert eine sichere Grenzfeststellung, da der Revierverteidiger seine Grenzen nicht „überschreitet".

Nachfolgend als Beispiel der eigenen Auswertungen (s. Abb. 19 und 20). Abb. 19 zeigt die Anzahl der Brutnester bezogen auf die Anzahl der Reviere von 5 Zaunkönigprobeflächen. Bei den Probeflächen handelt es sich um „Idealhabitate". Diese weisen gegenüber anderen Lebensräumen Vorteile wie ausreichend Nahrung, geeignete Nistplätze, gutplazierte Singwarten auf. Als Beispiel wurde die Probefläche „Riederichbach", ein tiefeingeschnittener Bach in einem Mischhochwald, ausgewählt (s. Abb. 20). Über 90 % der Vögel dieser Fläche waren farbig markiert. Bei mehreren Begehungen pro Woche konnten die Reviergrenzen sicher ermittelt und vermessen

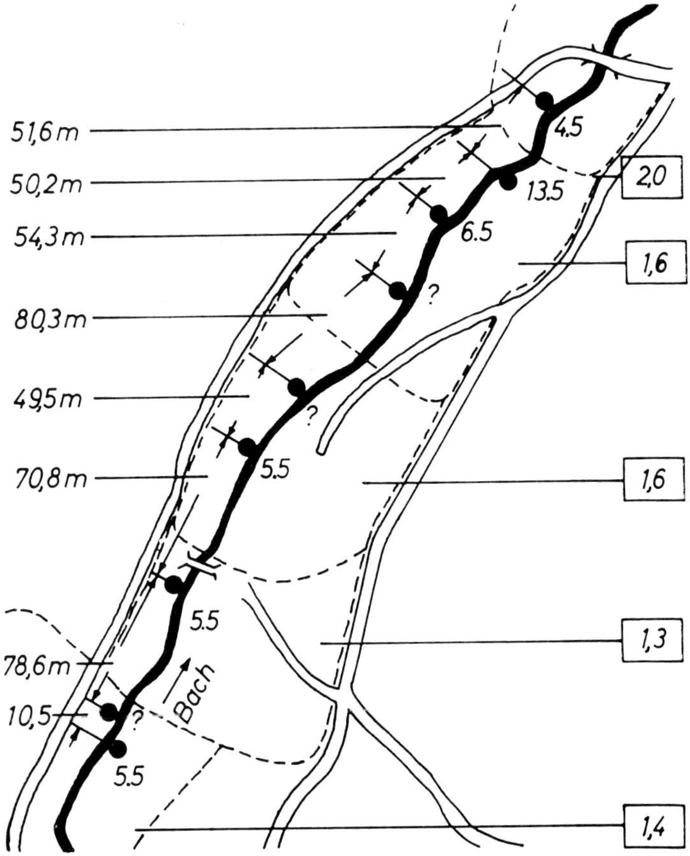

Abb. 20. Abstand der Brutnester (in m, gemessen mit einem Maßband) der Probefläche „Riederichbach" am 20. Mai 1980. Maßstab: 1 : 2500 |___100 m___|, Datum der Eiablage. ☐ Größe der Reviere in ha, – – – – Reviergrenze

werden. Mittelpunkt jedes der Reviere ist der Bach. Die seitliche Ausdehnung ist nicht besonders groß.

Die errechneten Reviergrößen liegen zwischen 1,3 und 2,0 ha. Bei der Ermittlung

Abb. 21. Beringung und Wiederfang von Zaunkönigen bezogen auf die Jahreszeit. Zahl der Wiederfänge: 13 bei 403 beringten Fänglingen

muß beachtet werden, daß zwischen den Revieren ein „Niemandsland" liegt, das die Rivalen selten aufsuchen.

Solche Beispiele sollten aber nicht den Anspruch einer allgemeinen Gültigkeit beanspruchen.

So registrierte z. B. Wesolowski (1981) bei Umsetzungsversuchen von Zaunkönigen im Bialowieza-Nationalpark Reviergrößen von 3,0–10 ha.

9. Orts- und Geburtsortstreue

Ort- und Geburtsortstreue kann nur durch intensive Beringung und Farbmarkierung nachgewiesen werden. Meine Ergebnisse (Abb. 21) zeigen, daß der Zaunkönig nicht besonders ortstreu ist. Von 13 Wiederfängen stammen nur drei von den eigenen Probeflächen. Über Winter sind diese selten bewohnt (s. Überwinterung). Es ist daher anzunehmen, daß es sich bei den Fänglingen um Überwinterer handelt.

Drei während der Brutzeit am Nest gefangene Weibchen waren in der folgenden Saison wieder im gleichen Revier. Ein im Herbst gefangenes Ex. brütete im nächsten Jahr in Fangplatznähe.

Von 2248 beringten Nestlingen liegen nur 6 Wiederfänge vor, davon zwei nach einem Monat. Drei Individuen wiesen Geburtsortstreue auf und einer wurde im folgenden Jahr vom Nachbarberinger (H. Renz) gefangen.

Besonders interessant ist das Männchen BP 21521, das polygam war (s. Polygamie) und bis zum 3. Jahr im gleichen Revier beobachtet wurde. Aus der Literatur sind hierfür nur wenige Beispiele bekannt. Gatter (1970) erwähnt in seiner Avifauna einen Ringvogel, der zwei Winter an einem Bach verbrachte. Der Wiederfang eines vorjährigen Exemplars gelang Holinek (1979) am 11. 1. 78 in 1 km Entfernung (Überwinterung am Geburtsort). Bei der Durchsicht von Kontrollfängen der Beringer der Vogelwarte Radolfzell fiel ein von Kruse (Mainz-Gonsenheim) erbrachter Nachweis auf. Der Zaunkönig K 362369 wurde am 16. 10. 63 als diesjähriger Vogel beringt und 1964 dreimal und am 28. 3. 68 erneut wiedergefangen.

Bei ihren Untersuchungen in Holland (1936–1939) beringten Kluijver und seine Mitarbeiter (1940) 195 Zaunkönige. 1936: 65 Ex., davon 2 Wiederfänge, 1937: 81 Ex., davon 5 im folgenden Jahr und 1938: 49 Ex., davon drei im Winter und Frühjahr; zwei Vögel mit dreijähriger Reviertreue. Dazu eine Aussage von Kluijver: „Zwei Nestjunge von 1938, Männchen 7 und 47 hatten bereits ein festes Gebiet erobert – unsere Ringuntersuchungen zeigten an, daß solch ein Männchen während seines ganzen Lebens den Geburtsort nicht verläßt."

Die eigenen Untersuchungen über 10 Jahre ergeben keine diesbezüglichen Hinweise.

10. Brutbiologie

10.1. Neststandort

Der Neststandort hängt stark vom Gelände und der Vegetation ab und ist daher regional recht unterschiedlich. Nistplätze in Gewässernähe werden bevorzugt. Im

Tabelle 5. Neststandorte und durchschnittliche Nesthöhe auf fünf Probeflächen im Süden der BRD (1974–1983), n = 1997. Orig.

Neststandort	n	durchschnittliche Höhe (m)
Wurzelwerk/Bachufer	1080	0,72
umgestürzte Bäume	296	0,60
Auswuchs an Bäumen	186	1,83
Böschungen/Erdreich	137	0,76
Fichtenreisig am Boden	111	0,68
Futterkrippen	41	0,78
Nisthilfen	52	2,64
Sonstiges	94	1,86

Süden der BRD sind tiefeingeschnittene Bäche mit ausgespültem Wurzelwerk und Überhängen der „Ideal-Nistplatz“ (Tab. 5).

In der Regel befindet sich in jedem großen Wurzelteller eines umgestürzten Baumes oder Baumstumpfes ein Nest. Bei fortgeschrittener Vegetationsentwicklung findet man die Nester im Auswuchs von Laubbäumen, Stockausschlägen oder Hexenbesen. Fichten- oder Laubreisig, das bei gefällten Bäumen am Boden liegenbleibt, dient ebenfalls als Versteck für die Nester. Farnreiche Wälder bieten Nistmaterial und Versteck zugleich. Nicht selten sind Nester in Schlinggewächsen wie Efeu, Waldrebe, Hopfen oder Geißblatt.

Ähnlich der Beutelmeise gibt es auch freihängende Bauten, wenn Hochwasser Gras an Äste schwemmt. Der Vogel baut dann sein Nest in das Gras. Bögershausen (1978) berichtet ebenfalls über freischwebende Nester. Seltener wird in Koniferen-Schonungen gebaut.

An Felswänden und in Höhlen sowie in Mauern werden Löcher, Spalten und Moosüberhänge bezogen. Brücken und Durchlässe dienen häufig als Nistplatz. In Industriegebieten sind Bruten auf Halden festgestellt worden (Görner 1978).

In der Literatur werden häufig Holzstöße als Neststandort angegeben. In meinem Untersuchungsgebiet kommt dies selten vor. Auch Specht- und andere Baumhöhlen werden nur in Ausnahmefällen benutzt. Bisweilen werden auch Nester in Strohdächer oder im Heu von Ställen oder Hütten gebaut (in der Literatur gibt es hierfür einige Beispiele).

In vielen Veröffentlichungen wird über die Besetzung von Schwalbennestern berichtet (z. B. Novrup 1940, Lautenbach 1963, Kummer 1964, Wagner 1962, Keve 1969).
Nester anderer Vogelarten werden in seltenen Fällen bezogen (z. B. Amselnester; Kumerloeve 1937, Hoehl 1938).

Aufgrund seines Namens „Troglodyt“ müßte der Vogel Höhlen bewohnen. In der Natur trifft dies in den seltensten Fällen zu. Aber auch künstliche Nisthöhlen werden nicht immer angenommen. Bruns (1957) berichtet bei jährlichen Kontrollen von 2300 Nistkästen (1952–1957) von nur einer erfolgreichen Brut. Bei 1600 Kästen (1949–1960) ermittelten Pfeifer u. Keil (1961) keine Brut. Ganz anders die Ergebnisse von Löhrl 1965, der Versuche mit künstlichen Nisthilfen durchführte. Durch

Variieren der Nistkastenhöhe fand er heraus, daß vom Zaunkönig Höhlen bevorzugt werden, deren Flugloch 90 mm über dem Kastenboden angebracht ist. Auch andere Autoren berichteten über spezielle Nisthilfen für den Zaunkönig, z. B. Hick in Kluijver u. a. (1940), Schwammberger in Pfeifer (1973), Hoffmann (1972, 1973, 1976, 1981 und briefl.), Dallmann (1977), Sacher (1980). Besonders große Erfolge konnte Hoffmann in Luxemburg verzeichnen. Seit 1971 hängt er in einem Märchenpark bei Bettemburg Zaunkönigkästen (Holzkonstruktion) auf und konnte bisher 74 Brutnester (davon allein im Jahr 1983 21 Stück) und 15 Wahlnester finden.

Eigene Versuche (seit 1976) mit 30 Spezialkästen aus Kunststoffrohr (∅ 110 mm) erbrachten 24 Brut- und 11 Wahlnester. Vorteilhaft erwies sich die Bestückung der Nistgeräte mit alten Zaunkönignestern. An gutplazierten Stellen werden diese „präparierten" Kästen sofort angenommen.

Wenn genügend natürliche Nistgelegenheiten zur Verfügung stehen, bedarf es jedoch keiner Nisthilfen, Sehr große Brutverluste bringen Nisttaschen aus Borke oder Nadelbaumzweigen, wenn sie nicht zusätzlich durch Maschendraht (26-mm-Löcher, Hasendraht) geschützt sind (s. Bruterfolg).

Aus der Literatur sind beim Zaunkönig einige kuriose Neststandorte bekannt. Armstrong (1955) weist auf Nester in hängenden ausgetrockneten Tierleichen (Krähe, Häher, Sperber, Eule und Katze) hin. Selbst in skelettierten Menschen- und Kuhschädeln, in zum Trocknen aufgehängter Wäsche und sogar in der Falte eines Vorhangs in einer Kirche wurden Nester gefunden. Van der Ploeg u. a. (1979) erwähnen aus Holland einige interessante Orte, z. B. in einem aufgehängten Mantel in einem Schuppen, in einer Straßenlaterne, auf einer doppelt-aufgeschlagenen Türmatte und unter einem Leiterwagen mit Futtergras (3mal am Tag wurde der Wagen für eine Stunde gebraucht – in dieser Zeit wartete der Vogel auf sein Nest mit Eiern). Eigene Befunde: Nest im Hosenbein einer alten Hose an einem Stall, Nest in aufgewickelten Seilen in einer Hütte (s. 000) bzw. unter einem abgestellten Aufleger (s. 000).

Alle diese Beispiele zeigen, daß bei der Art mit außergewöhnlichen Neststandorten zu rechnen ist.

Die meisten Zaunkönignester sind so niedrig gebaut, daß man sie vom Boden erreichen kann.

Tabelle 6 zeigt, daß sich 72 % aller Nester weniger als 1 m über dem Erdboden befinden. Mit vorrückender Jahreszeit werden die Bauten höher angelegt. Das hängt mit den dann besseren Deckungsmöglichkeiten bei fortgeschrittener Vegetationsentwicklung zusammen. Im Juni neigen die Vögel zum Bau von Nestern in Auswüchsen von Laubbäumen.

Bodennester sind keine Seltenheit, sie befinden sich an Böschungen von Gräben oder Bächen und an Waldwegen. Das andere Extrem sind Nestanlagehöhen von

Tabelle 6. Anlagehöhe von Zaunkönignestern an Bächen (Messungen ab Wasseroberfläche) im Süden der BRD, 1974–1983, Org. n = 1080.

Höhe (m)	0–0,5	0,5–1,0	1,0–2,0	2,0–3,0	3,0–4,0	> 4,0
%	28,2	43,9	21,4	5,1	1,7	0,2

12 m in einer Esche (Haller in Glutz 1962), 12 m in einer Fichte (Wesolowski briefl.), 10 m in einer Weißtanne (Tobias 1854), 10 m im unteren Teil eines Schwarzstorchhorstes (Patkai in Keve 1969), 6,5 m in einem Hochsitz (Streek 1969), 6,5 m in einem Buchenauswuchs (Dallmann 1977), 6,0 m im Wasserreis einer Tanne (Thielcke 1955), 6,0 m hinter einem Löwenschild auf der Dachrinne (van der Ploeg 1979), 4,2 m in einem Apfelbaum (Studer u. Fatio 1907) und 4,0 m in einer Buntspechthöhle (Hoertler 1943).

Das Weibchen bei Verlust ihrer Brut höhere Neststandorte bevorzugen, wie es Armstrong (1955) vermutet, trifft nicht zu: Die Annahme wurde in 10 Untersuchungsjahren überprüft und konnte nicht bestätigt werden.

Besonders zusagende Nistplätze werden ständig benutzt (unterschiedliche Individuen!). Hoffmann (1976) berichtet von einem Nest, das R. Peltzer an einem Weiher bei Bouligny (Lothringen) 4 Jahre lang als Brutnest kannte. Bei den eigenen Untersuchungen wurden nach der Brutzeit die alten Nester entfernt, um Fragen über Schlaf-, Winter- und Neubauten eindeutig zu beantworten. Einige Neststandorte wurden 10 Jahre hintereinander benutzt. Alte Nester in Nisthilfen können über längere Jahre in jeder Brutsaison bewohnt werden. Nach den eigenen Versuchen über 8 Jahre.

10.2. Nestbau

10.2.1. *Typen und Funktion der Nester*

Laut Literatur baut der Zaunkönig Spiel-, Brut- und Schlafnester. Kluijver u. a. (1940) führen bereits an, daß die Namen Spiel- und Schlafnest nicht richtig sind, da sie nicht für diese Zwecke gebaut wurden. Für „Spielnest" wäre eine Bezeichnung wie „Wahlnest" zutreffend, wie sie Siefke (1962) für die Dorn- und Zaungrasmücke vorschlägt. Die Engländer sprechen von „cocknest" und die Holländer von „mannethesnest", ein Hinweis auf den Erbauer. Das Männchen baut mehrere Wahlnester und bietet sie dem Weibchen zur Auswahl an. Das erwählte Nest wird dann von dem Weibchen ausgepolstert und für die Aufzucht der Jungen benutzt. Armstrong (1955) berichtet, daß sich in Ausnahmefällen auch Männchen an der Auspolsterung beteiligen. Eigene Beobachtungen ergaben keine entsprechenden Hinweise. Abb. 22 zeigt das Verhältnis von Brut- zu Wahlnestern auf 5 Probeflächen im Süden der BRD. In 58 Fällen war kein Brutnest im Revier vorhanden; diese Nester wurden nicht in die Auswertung einbezogen.

Spezielle Schlafnester für die Jungvögel oder für Übernachtungen im Winter werden nicht gebaut. Auf meinen Probeflächen wurden jedes Jahr nach der Brutzeit alle alten Nester entfernt, so daß „Neubauten" auffielen. Zum Schlafen werden Wahl- oder alte Brutnester benutzt. Sharrok (1980) berichtet über ein Schlafnest für den Winter, konnte aber den Nestbau nicht beobachten. Cox (1922) schreibt zwar, daß in zwei Fällen eiligst ein besonderes Schlafnest errichtet wurde, da die Jungen nicht in das Geburtsnest zurückkehrten. Diese Beobachtung scheint eine Ausnahme zu sein, da bei meinen 1997 Nestfunden kein solcher Fall auftrat. Die Jungen übernachten in den seltensten Fällen in ihrem Brut- oder einem Nachbarnest, sondern im Gestrüpp oder Wurzelwerk.

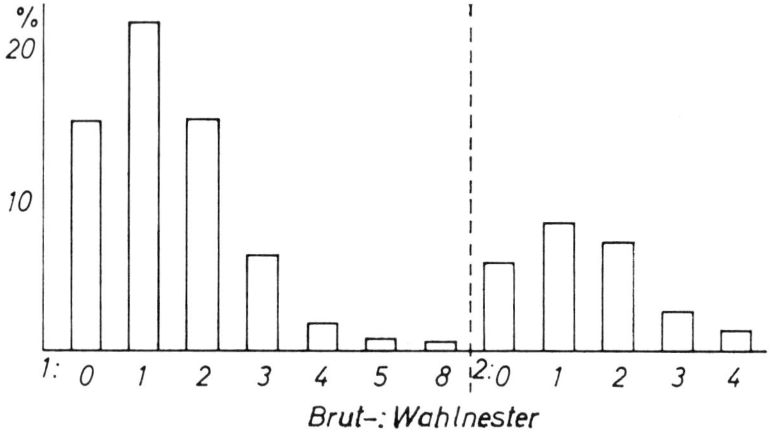

Abb. 22. Verhältnis von Brut- zu Wahlnestern (in %) beim Zaunkönig, bezogen pro Revier. Zahl der Nester in 10 Jahren: 1997

Bei schlechter Witterung (z. B. langanhaltender Regen) suchen die Männchen Schutz, d. h. sie verweilen bei ihren ständigen Besuchen im Nest etwas länger in diesem.

Gelegentlich werden mehrere Nester direkt nebeneinander gebaut. In zwei Fällen baute das Männchen zwei Wahlnester neben dem Nest, in dem das Weibchen brütete.

10.2.2. *Die Zahl der Nester in der Brutsaison*

Die Anzahl der Nester, die ein Männchen in einer Brutsaison baut, kann nur eindeutig bei individueller Kennzeichnung der Brutpopulation festgestellt werden. Grundsätzlich ist sie nicht abhängig von der Reviergröße, sondern von der Beschaffenheit des Habitats (s. Siedlungsdichte).

Kluijver u. a. (1940) ermittelten in 3 Jahren bei 25 Revierbesitzern 155 Nester, dies entspricht im Durchschnitt 6,2 Nestern/Revier und Vogel. Dabei baute der eifrigste Nestbauer in vier aufeinanderfolgenden Jahren: 12, 10, 9 und 9 Nester.

Englische Vögel in Cambridge brachten es auf 6 bis 7 Bauten/Saison (Armstrong 1955). Die eigenen Daten (s. Abb. 23) weisen einen wesentlich geringeren Durchschnittswert auf: 2,9 Nester /Vogel (obwohl es sich bei den Probeflächen um „Idealhabitate" handelt). Die Untersuchungsflächen von Kluijver und Armstrong waren verwilderte Gärten mit Wassernähe und einem großen Angebot von Nisthilfen. Dadurch wurde die Bauaktivität möglicherweise positiv beeinflußt.

10.2.3. *Nestbaubeginn*

Bei günstiger Witterung beginnen vereinzelte Zaunkönige bereits im Februar mit dem Nestbau (s. Abb. 24). Von vier Februarbauten wurden drei im Jahre 1977 und einer 1980 angefangen. Bei letzterem handelt es sich um den frühesten bisher von mir

Abb. 23. Prozentuale Anzahl der Zaunkönig-Nester pro Revier bei zehnjähriger Untersuchung auf 5 Probeflächen. n = 858 Nester und 298 Reviere

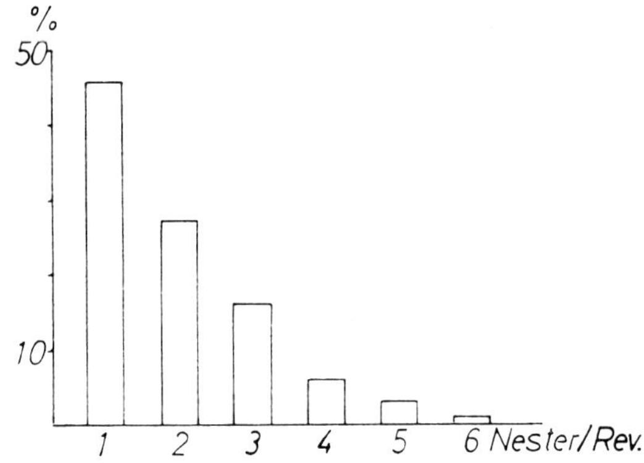

festgestellten Baubeginn: 24. Februar 1980. Die Nestbauaktivitäten sind zu dieser Zeit nicht besonders stark ausgeprägt. Sie ruhen völlig bei Schnee oder Frost. Regen dagegen stimuliert den Nestbautrieb (s. Nistmaterial). Diese Beobachtung machte auch Armstrong (1955) Allgemein kann gesagt werden, daß Mitte März die Revierinhaber mit dem Bau beginnen. Die höchste Bautätigkeit liegt in den Monaten April und Mai (s. Abb. 24).

Aus der Literatur sind folgende Nestbaubeginne bekannt: 2. 3. 1936, 1. 3. 1937, 5. 3. 1938 (Kluijver u. a. 1940), 1. 3. 1945, 22. 3. 1946, 28. 3. 1947 (Armstrong 1955), im Januar (Dobrindt 1950), 26. 2.–1.3. (Pfeifer 1949) und 7. 2. 1975 (Hoffmann briefl.).
Spätester Nestbau: 23. 6. Kluijver u. a. (1940) in Holland, im SW der BRD s. Abb. 24.

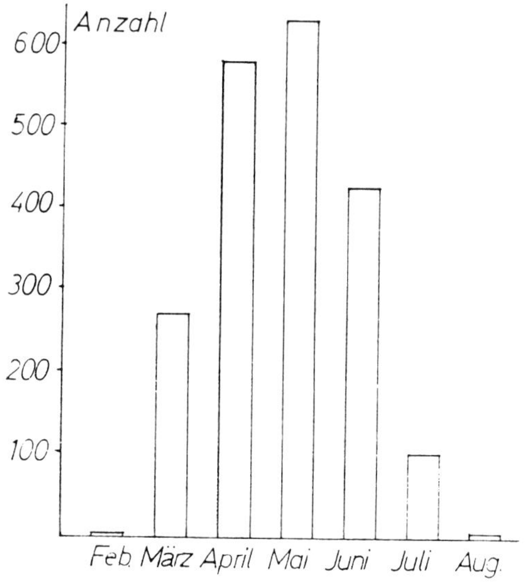

Abb. 24. Anzahl der Nestbaubeginne (n = 1997) beim Zaunkönig in den einzelnen Monaten der Brutperiode in Süddeutschland, 1974–1983

10.2.4. *Dauer des Nestbaues*

Im Verlauf von 10 Untersuchungsjahren kannte ich die bevorzugten Neststandorte und konnte daher eine leichte Mulde mit wenig Moos oder feuchten Blättern bereits als Nestanfang bestimmen. Ein aktiver Zaunkönig kann den Nestrohbau innerhalb eines Tages fertigstellen. Die Bauaktivität ist in den frühen Morgenstunden am stärksten und nimmt mit fortschreitender Tageszeit ab. Vögel, die viel Zeit am Tag benötigen, um ihr Revier gegenüber Eindringlingen zu verteidigen, brauchen längere Bauzeiten. Manche halbfertigen Frühjahrs-Nestbauten werden aufgegeben und später, im Juni oder Juli, vollendet.

Einige Beispiele sollen die Nestbaudauer verdeutlichen:

Nestkarte 1168 (1975):

1. 4.	16.00 Uhr, wenig feuchte Blätter, ♂ singt
2. 4.	16.00 Uhr, weitere feuchte Blätter, halbfertig
4. 4.	16.00 Uhr, fast fertig, Flugloch noch groß
21. 4.	16.00 Uhr, Nest fertig, Loch klein, verstärkt

Nestkarte 30268 (1978):

13. 3.	16.00 Uhr, Vorderwand aus Moos und Wurzeln, ♂ warnt
15. 3.	16.00 Uhr, Nest noch nicht total geschlossen
19. 3.	10.00 Uhr, ebenso
24. 3.	17.00 Uhr, ebenso
26. 3.	15.00 Uhr, ebenso
2. 4.	15.00 Uhr, Nest hinten geschlossen
10. 4.	17.00 Uhr, fertiges Nest mit Eingangsverstärkung
15. 4.	8.00 Uhr, unverändert, ♂ singt, warnt
23. 4.	15.00 Uhr, unverändert
27. 4.	16.00 Uhr, unverändert, ♂ warnt, ♀ in der Nähe
1. 5.	13.00 Uhr, Nest ausgepolstert
3. 5.	13.00 Uhr, ebenso
9. 5.	16.00 Uhr, 6 Eier

Nestkarte 32080 (1979):

13. 3.	16.00 Uhr, Nestanfang mit Moos, ♂ mit Moos im Schnabel
14. 3.	16.00 Uhr, fertiger Rohbau, Loch verstärkt
19. 4.	8.00 Uhr, ebenso, ♂ singt
23. 4.	8.00 Uhr, ebenso, ♂ singt
26. 4.	7.00 Uhr, Nest ausgepolstert, ♂ singt
28. 4.	7.00 Uhr, ebenso, ♂ singt
1. 5.	7.00 Uhr, ebenso
5.5.	7.00 Uhr, 1. Ei

10.2.5. *Nestbauaktivitäten der Brutpartner*

Das Außennest wird vom Männchen gebaut und nur in Ausnahmefällen vom Weibchen. Dieser Fall kann dann eintreten, wenn das Brutnest zerstört wurde und kein weiteres Wahlnest im Revier zur Verfügung steht (eilige Ersatzbruten).

In einer geeigneten Mulde in der Uferböschung oder im Wurzelwerk trägt das Männchen feuchte Blätter zum Nestboden und zur Hinterwand zusammen. Das feuchte Material verleiht dem Nest nach dem Trocknen einen guten Halt. Ferner werden noch Verstärkungen angebracht, wie Halme, Wurzeln und Ästchen. Besonders verstärkt wird das Flugloch. Unterhalb des Flugloches werden besonders viele kleine Äste oder Halme eingeflochten. Diese Konstruktion wird auch als „Treppchen" bezeichnet. Sie erfüllt aber den Zweck, daß bei einem häufigen Ein- und Ausschlüpfen das Loch nicht erweitert wird.

Das Weibchen wählt einen dieser „Rohbauten" als Brutnest aus. Nach erfolgreicher Wahl beginnt sie mit der Auspolsterung. Die Beispiele unter 10.2.3. zeigen, daß dies erst Ende April oder Anfang Mai der Fall ist. In der Regel dauert das Einbringen von Polstermaterial 2–7 Tage. Selbst nach der Ablage des ersten Eies bringt der brütende Vogel hin und wieder noch Polstermaterial ein, z. B. eine Feder oder ein Büschel Haare.

Das Material wird mit dem Schnabel herangetragen und auch mit diesem verarbeitet. Sicherlich werden auch die Füße beim Verarbeiten des Materials eingesetzt.

10.2.6. *Nistmaterial*

Es wird vorwiegend Material der näheren Umgebung verwendet. Bevorzugt werden feuchte und verschmutzte welke Blätter, die nach dem Trocknen zusammenkleben. Zusätzliche Verstärkungen, wie kleine Halme (bis zu 10 cm Länge) und Ästchen, werden ebenfalls eingebaut. In Nadelwäldern, wie z. B. im Schwarzwald, Bayerischen Wald oder Harz kann man Farn- oder Grasnester finden. Angeschwemmtes Gras in freihängenden Ästen über Flüssen wird durch Einbringen von Moos zu einem Nest geformt. Reine Moosnester sind keine Seltenheit. Sie werden selten als Brutnest benutzt (dies kann lokal verschieden sein!). Armstrong (1955) erwähnt Nester aus trockenen Stechpalmenblättern, Rasenstückchen, weißem Moos und Gemüse, u. a. Petersilie. Creutz (1956) fand ein Nest, das ausschließlich aus vertrockneten Blüten der Traubeneiche gefertigt war.

Beim Auszählen von Pflanzenteilen eines Außennestes kam ich auf folgende Anteile: 60 % Moos, 25 % welke Blätter, 7,7 % Fichtenästchen, 2,4 % Buchenästchen und 1,4 % Wurzeln. Dieses Beispiel ist typisch für einen Mischwald.

Besonders auffallendes Material, etwa Papiertaschentücher oder farbige Wollfäden, nimmt der Zaunkönig nicht an. Manchmal ist das Nest aber schlecht an die Umgebung angepaßt. Die Auspolsterung des Nestinneren besteht vor allem aus feinem Moos, dünnen Wurzeln, Haaren und wenig Federn. Häufig sind Haare von Rehen und Hasen sowie Dunenfedern von Vögeln. Auffallend war eine Wellensittichfeder in einem Waldnest. Das Trockengewicht eines Nestes liegt bei etwa 50 g.

10.2.7. *Nestgröße und Konstruktion*

„Das Nest ist eine wohlgeformte Kugel mit einem seitlichen, runden Eingang". Diese oder ähnlich unzutreffende Beschreibungen kann man häufig in Vogelbüchern finden. Richtiger wäre „Ovaler Backofenbau mit ovalem Flugloch an der Vorderseite".

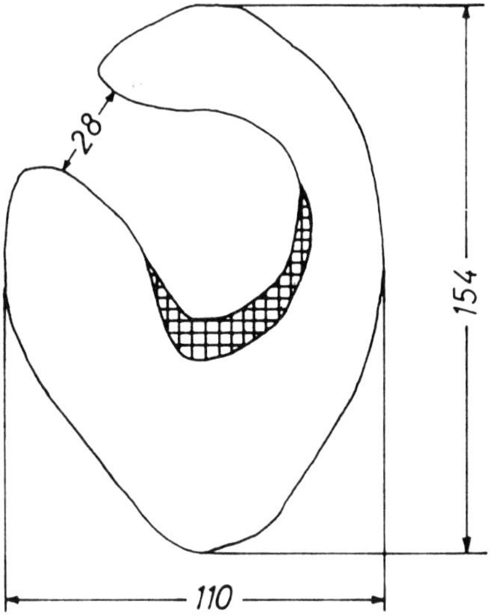

Abb. 25. Originalmaße eines Zaunkönignestes. Das Nest wurde mit Wasser getränkt, tiefgefroren und mit einer Säge aufgesägt, anschließend auf eine Glasscheibe geklebt. Schraffur: Auspolsterung

Von 116 Nestern konnte ich folgende Durchschnittswerte ermitteln: 145 mm (Länge) × 130 mm (Breite) × 113 mm (Tiefe). Dabei betrug die Maximalgröße 180 × 180 × 130 und die Minimalgröße 100 × 110 × 90 mm. Die Nestmulde hat eine Tiefe von 56 mm und einen Wanddurchmesser von 62 mm (n = 27). Die Stärke von Wand und Boden beträgt etwa 30 mm. Durch die Auspolsterung wird die Stärke für den Boden um 10 mm vergrößert. Die starke Isolierung schützt Eier und Jungvögel gut gegen Kälte. In Gewässernähe ist dieser Schutz besonders wichtig. Das Flugloch ist selten rund. Die durchschnittlichen Abmessungen bei n = 146 lagen bei 36 mm (Breite) und 28 mm (Höhe), maximal 50 × 60 mm und minimal 26 × 23 mm.

Beim ständigen Ein- und Ausschlüpfen des Vogels wird das Loch nur wenig erweitert, da eine Verstärkung aus Fichten- oder Buchenästchen und Halmen dieses verhindert. Der Zaunkönig kann sich beim Abflug gut festhalten und zerstört den Außenbau nicht. Der Eingang befindet sich ungefähr 90 mm über dem Nestboden (s. Nisthilfen).

Kein klares Ergebnis brachten die Untersuchungen, nach welcher Himmelsrichtung der Einschlupf bevorzugt gerichtet ist: Bei den Nestern an Uferböschungen von Bächen befindet sich der Eingang in der Regel bachwärts. Der brütende Vogel kann somit bei Gefahr schnell abfliegen.

10.2.8. *Benutzung von alten Nestern*

Armstrong (1955) schreibt: „It is unusual for a wren's nest to be used twice in the same year for breeding . . .". Nach Hoffmanns und meinen Erfahrungen liegen die Verhältnisse in Mitteleuropa anders, d. h. einzelne Brutnester werden durchaus zweimal hintereinander in der Brutsaison benutzt. Bei speziellen Zaunkönignisthilfen, die mit alten Nestern bestückt waren, brütet der Vogel die Erst- und Zweitbrut im

Tabelle 7. Vergleich der Maße europäischer Zaunkönigeier

Region/Land	n	Größe (mm)	Autor
Mitteleuropa	72	16,42 × 12,45	Rey 1905
Mitteleuropa	170	16,42 × 12,63	Makatsch 1976
BRD	657	16,60 × 12,52	Dallmann 1974–1984 (unpubl.)
England	100	18,55 × 13,93	Jourdain in Armstrong 1955
England	100	16,66 × 12,77	Witherby 1938
Schweden	131	16,46 × 12,56	Rosenius in Makatsch 1976

selben Nest aus. Die Nester werden sogar über mehrere Jahre benutzt und in jeder Saison ausgebessert. Zerfallene Nester werden gänzlich aufgegeben und nur in seltenen Fällen repariert. Dabei wird der Eingangsverstärkung besonders viel Sorgfalt zuteil.

Im zeitigen Frühjahr gebaute Nester werden manchmal auch für Zweitbruten benutzt. Gelegentlich werden Nester des Vorjahres renoviert und zur Brut bezogen. Ein Entfernen von alten Zaunkönignestern sollte daher unterbleiben.

10.3. Das Gelege

10.3.1. *Das Ei*

Das Ei ist oval und am spitzen Pol stumpfgerundet. Die Schale ist wenig glänzend und weiß mit rostroten oder rostbraunen Punkten versehen. Am stumpfen Pol befindet sich ein Kranz mit dichten Punkten. Reinweiße Eier sind sehr selten.

Tab. 7 zeigt eine Zusammenstellung der Größe von europäischen Zaunkönigeiern. Bei meinen Messungen wurde normalerweise auf die Entnahme von Eiern aus Gelegen verzichtet, nur verlassene Gelege wurden vermessen. Diese Vorsichtsmaßnahme erschien deshalb sinnvoll, weil es schwierig ist, Eier unbeschadet aus dem Nest zu „angeln".

Meine Messungen ergaben als maximale Eigröße 20,3 × 13,9 mm, als minimale Eigröße 14,5 × 11,5 mm. Ein sehr kleines Ei (13,5 × 10,2 mm) wurde nicht berücksichtigt. Als Durchschnittswert für Mitteleuropa wurde eine Eigröße von 16,5 × 12,5 mm ermittelt.

Nach Armstrong (1955) sind die Eier nördlicher Regionen größer, z. B. Eier des Shetland-Wren und St. Kilda-Wren (s. Tab. 7).

Das Schalengewicht beträgt nach Makatsch (1976) 0,74 g und das Frischvollgewicht 1,36 g.

10.3.2. *Eiablage*

Der Legebeginn ist von der Witterung abhängig. Bereits ausgepolsterte Nester bleiben im Frühjahr bei extremer Kälte für längere Zeit leer. Die frühesten bekannten Legebeginne zeigt die Tabelle 8.

Tabelle 8. Zusammenstellung der frühesten Legebeginne des Zaunkönigs in Europa

Kluijver u. a. Niederlande 1940	Armstrong England 1955	Dallmann BRD Orig.	Wesolowski Polen 1983
7. 4. 1936	24. 4. 1949	22. 4. 1974	30. 4. 1976
10. 4. 1937	27. 4. 1950	28. 4. 1975	23. 4. 1977
7. 4. 1938	8. 5. 1951	22. 4. 1976	
4. 4. 1939	29. 4. 1962	1. 4. 1977	
		18. 4. 1978	
		16. 4. 1979	
		23. 4. 1980	
		18. 4. 1981	
		21. 4. 1982	
		18. 4. 1983	

Die Mehrzahl der Vögel beginnt Ende April oder Anfang Mai mit der Eiablage. Zaunkönige nördlicher Breiten beginnen später mit dem Legen (Armstrong 1955). Bei Neugelegen im Juni oder Juli handelt es sich überwiegend um Zweitbruten. Drittbruten sind nicht bekannt.

Die Erstbrut dauert ungefähr vom 1.4.–10. 6. (Kluijver u. a. 1940: 20. 4.–6. 5.) und die Zweitbrut vom 30. 5–19. 7. (Kluijver u. a. 1940: 11. 6.–20. 6.). Die Zweitbrut beginnt 10–14 Tage nach dem Ausfliegen der Erstbrut. Bei einem Vergleich von Erst- und Zweitbrut ergibt sich ein Verhältnis von 1,6 : 1,0. Dies zeigt, daß nicht alle Weibchen eine zweite Brut durchführen. Der Beginn der Zweitbrut verteilt sich sehr gleichmäßig über den Monat Juni (Abb. 26) und weist keine Spitzen wie bei der Erstbrut auf.

Ersatzgelege werden nach 14, 8, 7 und 5 Tagen begonnen (Kluijver u. a. 1940). Diese Angaben stimmen mit den eigenen Daten (n = 58 Nachgelege) überein.

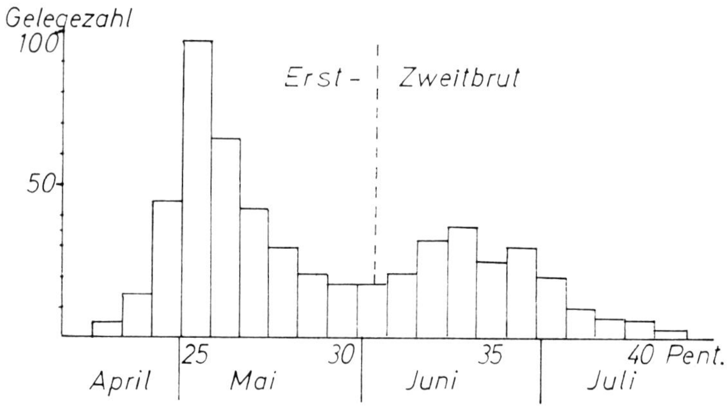

Abb. 26. Beginn der Eiablage beim Zaunkönig (n = 543 Vollgelege) in Süddeutschland (1974–1983, Brutmonate unterteilt in Pentaden)

Auf den britischen Inseln stellte Forrest (1924) einige extreme Spätgelege fest, z. B. Jungvögel am 3. 12. 1923 und Eier am 30. 12. 1923; ähnliche Daten sind aus Holland bekannt (van der Ploeg 1979) so ein Nest mit 7 Tage alten Jungen am 11. November 1978, juv. am 17. September 1932 und Ende September 1943.

In Mitteleuropa sind schon Augustbruten selten. Es liegen folgende Nachweise vor: 2. August 1931 – zwei Nester mit je 5 Eiern (Garling 1932), 14. August 1923 – 3 juv. sowie 31. August 1966 (Brinkmann u. Schmidt in Bögershausen 1978), 27. Juli im Harz, 6. September 1964 – drei ausgeflogene juv., 7. September 1933 – Nest mit kleinen juv. (Haensel u. König 1978), 4 Eier am 29. Juli 1980 in Luxemburg (Hoffmann briefl.) und Nachgelege mit 5 Eiern am 26. Juli 1978 (Verfasser).

Die früheste Eiablage erfolgte 14 Tage nach Fertigstellung des Brutnestes. Die Weibchen beginnen am frühen Morgen mit der Ablage und legen täglich ein Ei. Schlechte Witterung verursacht keinen Stopp dieses Vorgangs. Hierzu ein Beispiel (Nestkarte Nr. 42658) aus der ersten Maiwoche 1981 (ständiger Nachtfrost): 1. 5. 1 Ei, 4. 5. 4 Eier, 6. 5. 6 Eier.

10.3.3. *Gelegegröße*

Der Zaunkönig legt 5 bis 8 Eier. In Tabelle 9 sind einige Gelegegrößen aus Europa aufgeführt. Hieraus ist ersichtlich, daß er meist ein Vollgelege von 6 Eiern hat. In der BRD sind 7er-Gelege keine Seltenheit. 8er-Gelege fand ich nur zweimal, in beiden Fällen stammten sie eindeutig von einem Weibchen. Aus 689 Vollgelegen konnte ein Durchschnittswert von 6 Eiern ermittelt werden (s. Tab. 9).

Armstrong (1955) führt geringere Gelegegrößen in nördlichen Regionen auf. Dagegen stellte Garson (1980) fest, daß es in England keine geographischen Einflüsse auf die Gelegegröße gibt.

Nach v. Haartmann (1969) überwiegen in Finnland 5er-Gelege.

Im Verlauf der Brutsaison nimmt die Gelegegröße ab (Kalendereffekt). Schlechte Witterung kann zu einer erheblichen Beeinflussung führen.

Tabelle 9. Gelegegrößen des Zaunkönigs in verschiedenen europäischen Ländern

Autor	Land	n	Gelegegröße				
			5	6	7	8	9
Makatsch 1976	DDR	42	10	18	10	4	–
Kluijver u. a. 1940	Niederlande	83	27	45	11	–	–
Armstrong 1955	England	93	30	50	12	1	–
v. Haartmann 1969	Finnland	23	3	4	13	2	1
Dallmann Orig.	BRD	654	44	386	212	12	–

Tabelle 10. Saisonale Variation der durchschnittlichen Gelegegröße in Europa, in Klammern Zahl der Gelege

Autor	Land	durchschnittliche Gelegegröße			
		April	Mai	Juni	Juli
Armstrong 1955	England	5,4 (14)	5,8 (60)	5,2 (10)	4,0 (4)
Garson 1980	England	5,9 (160)	5,9 (644)	5,4 (202)	4,5 (46)
Glutz v. Blotzheim 1962	Schweiz	6,1 (16)	6,2 (40)	5,9 (18)	5,8 (4)
Dallmann Orig.	BRD	6,3 (35)	6,2 (379)	5,9 (191)	5,0 (84)

10.4. Das Brüten

10.4.1. *Brutbeginn und Brutverhalten*

In Mitteleuropa dauert die Brutperiode des Zaunkönigs von April bis Juli (selten August). Durch individuelle Farbberingung konnte festgestellt werden, daß nur das Weibchen brütet. Das Männchen bewacht während dieser Zeit sein Revier, baut weitere Nester und versucht, mit seinem Gesang weitere Weibchen anzulocken. Bei Versuchen mit Klangattrappen zeigte sich, daß das Männchen das Brutnest schwach verteidigt. Stärker ist die Verteidigung des Reviers. Dagegen vertreibt das Weibchen häufig fremde Männchen und auch Weibchen aus der Nestnähe. Das brütende Weibchen wird vom Männchen nicht gefüttert. Zur Nahrungssuche wandert es gern in fremde Reviere, wo es von den Revierinhabern sofort umworben wird.

Die Bebrütung beginnt nach der Ablage des letzten Eies. Das brütende Weibchen reagiert empfindlich auf Geräusche und schaut häufig aus dem Nest. Ständige Störungen veranlassen den Vogel zur Aufgabe des Nestes. Daher ist auch der Fang des Altvogels im Nest sehr problematisch. Fänge am Nest sollten nur bei intensiven Untersuchungen vorgenommen werden und dann frühestens nach 10 Tagen Bebrütung. Nach dem Herausfliegen bleibt das Weibchen in unmittelbarer Nestnähe und verkriecht sich im Wurzelwerk oder Gestrüpp. Es verhält sich lautlos und warnt nicht.

10.4.2. *Brutdauer und Schlüpfen*

Die normale Brutdauer beträgt 14–18 Tage (vgl. Abb. 27). Bei schlechter Witterung brütet das Weibchen länger. So kommen Extremdaten von über 20 Tagen vor. Im ungünstigen Frühjahr 1982 war dies im Süden der BRD der Fall.

Die Bebrütungsdauer nimmt mit fortschreitender Jahreszeit ab (s. Tab. 11). Dieses stellte auch Garson (1980) für die Monate Juni und Juli fest. Nach Creutz (1956) werden Spätgelege durchschnittlich 3 Tage kürzer bebrütet. Mehrere Untersuchungen haben sich mit dem Einfluß der Temperatur auf die Brutdauer befaßt (Baldwin u. Kendeigh 1932, Garson 1980). Bekannt ist daß Weibchen bei der Zweitbrut intensiver brüten, da die Nahrungssuche durch die fortgeschrittene

Abb. 27. Anzahl der Zaunkönigbruten (in %) und Brutdauer (in Tagen). Weiß: DDR, Creutz 1956, n = 43; Schwärzung: Niederlande, Kluijver u. a. 1940 n = 43; Schraffur: BRD, Dallmann 1974–1983, n = 332

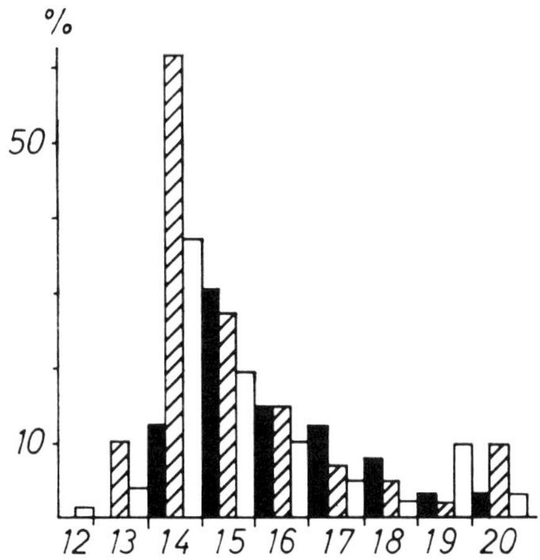

Jahreszeit weniger Zeit beansprucht. Betrachtet man in Tabelle 11 die Brutmonate Mai bis Juli, so ist ablesbar, daß die Daten aus Holland mit denen aus dem Süden der BRD nahezu übereinstimmen.

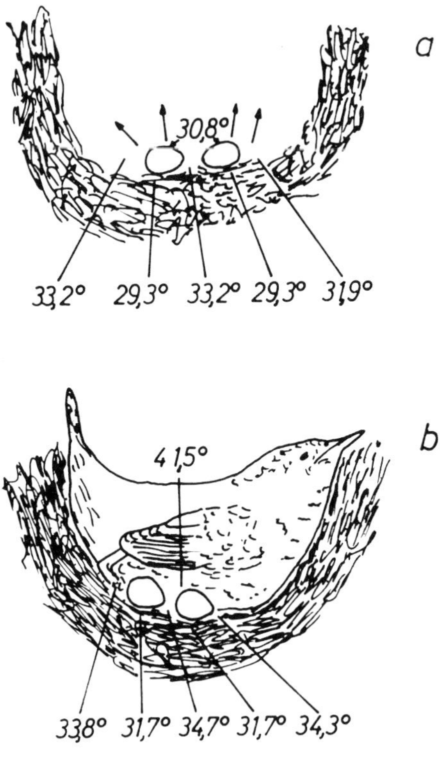

Abb. 28. Temperaturmessungen (in °C) an einem Brutnest des östlichen Hauszaunkönigs *Troglodytes aedon*. a während der Brutpause, b während der Brut. Nach J. M. Valentine in Baldwin u. Kendeigh 1932

Tabelle 11. Durchschnittliche Brutdauer (in Tagen) bezogen auf die Brutmonate (bei Kluijver u. a. 1940 ist die Zahl der Bruten unbekannt)

Autor	Land	Monat			
		April	Mai	Juni	Juli
Dallmann 1974–1983 (unpubl.)	BRD	ungenaue Daten	16,3 (171)	15,1 (98)	14,4 (69)
Kluijver u. a. 1940	Niederlande	17,5	16,3	15,3	14,5

Die Jungen schlüpfen an einem Tag. In der Regel schlüpft das erste Junge am frühen Morgen. Die Eierschalen werden von dem Weibchen fortgetragen. An Bächen wirft sie die Schalen in unmittelbarer Nestnähe ins Wasser.

10.4.3. *Schlüpferfolg*

Tabelle 12 zeigt, daß beim Zaunkönig ein hoher Schlüpferfolg besteht. Bei der Auswertung wurden Eiverluste von unvollständigen Gelegen sowie 3er, 4er und 8er Gelege nicht berücksichtigt.

Aus 2743 gelegten Eiern (Vollgelege) schlüpften 2527 Jungvögel (Abb. 29). Dies entspricht einem Schlüpferfolg von 92 %. Der Rest, 8 % unbefruchtete Eier, zeigte über 10 Jahre gleichbleibende Tendenz.

Tabelle 12. Schlüpferfolg von Zaunkönig-Vollgelegen in Baden-Württemberg, 1974–1983. Orig.

Gelegegröße	Eier insgesamt	juv. geschlüpft	Schlupferfolg (%)
5er Gelege	270	255	94
6er Gelege	1371	1245	91
7er Gelege	776	727	94

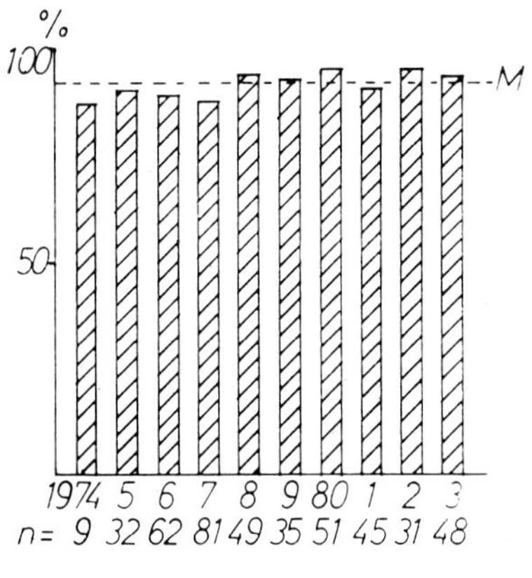

Abb. 29. Schlüpferfolg beim Zaunkönig bei 10jähriger Untersuchung. Von 2743 gelegten Eiern (n = 443 Vollgelege) schlüpften 2527 Jungvögel aus.

Der gute Schlüpferfolg sollte aber nicht darüber hinwegtäuschen, daß ein großer Teil der Brutnester (30–40 %) bereits vor Erreichung des Vollgeleges ausgeraubt wird. Hier überwiegen Verluste durch Säugetiere und Vögel. Selbst Nester ohne Eier werden von den Nestfeinden zerstört (s. 10.5.3).

10.5. Nestlingszeit

10.5.1. *Entwicklung und Verhalten der Jungvögel*

Frischgeschlüpfte Zaunkönige sind nackt und weisen nur wenig schwarze Dunen an Kopf und Rücken auf. Bei zweitägigen Jungen kann man die Anlagen für das Großgefieder bereits durchscheinen sehen. Nach drei Tagen wird das Kleingefieder als dunkle Punktierung sichtbar. Mit vier Tagen ist die Lidspalte noch geschlossen aber deutlich erkennbar (Heinroth 1924). Mit fünf Tagen durchstoßen die Schwungfedern die Haut und wachsen täglich um 3–4 mm. Beim Ausfliegen besitzen die Jungvögel noch kein ausgewachsenes Großgefieder.

10.5.2. *Ausfliegen der Jungen*

Nestlinge über 10 Tage springen bei Gefahr aus dem Nest und verkriechen sich sofort oder fliegen ein kurzes Stück. Bei Nestern am Bach kommt es vor, daß sie ins Wasser springen. Mit den kurzen Flügeln werden sofort Schwimmbewegungen vorgenommen, um das rettende Ufer zu erreichen.

In der Regel fliegen alle Jungen am gleichen Tag aus. Das Weibchen lockt dann die Nestlinge aus dem Nest, während das Männchen in der Nähe die Bewachung übernimmt. Mit einem „*tsrr*“ verständigen sich die ausgeflogenen Jungen und halten ständig Kontakt untereinander. Sie bleiben längere Zeit beisammen (s. Verhalten).

10.5.3. *Bruterfolg und Verluste*

Bei meinen Untersuchungen flogen von 339 Vollgelegen (Verluste von unvollständigen Gelegen wurden nicht berücksichtigt) 2081 Jungvögel aus. Dies entspricht einem Durchschnitt von 6,1 juv./Brut. Betrachtet man den saisonalen Bruterfolg

Tabelle 13. Bruterfolg beim Zaunkönig in Baden-Württemberg, 1974–1983 (n = 339 Vollgelege)

	n	Monat		
		Mai	Juni	Juli/August
5er Gelege	56	4	13	39
6er Gelege	180	35	93	52
7er Gelege	103	20	61	22
Summe	339	59	167	113
ausgefl. juv.	2081	370	1050	661
Durchschnitt (juv./Brut)	6,1	6,2	6,3	5,8

pro Gelegegröße (s. Tab. 13), so wird ersichtlich, daß im Monat Juni die meisten Jungvögel ausfliegen, und daß die Mehrzahl aus 6er Gelegen stammt. Der Monat Juni mit der vollen Vegetation bietet den ausgeflogenen Jungvögeln den größten Schutz.

Aus Luxemburg berichtet Hoffmann (briefl.) über einen Bruterfolg von 6,1 juv./Brut in Nisthilfen. Wesolowski (1981, 1983) hatte im Nationalpark Bialowieza in Polen auf seinen Probeflächen von 24 ha einen Bruterfolg von 100 % (1976) und im Jahr 1977 von nur 15 % (die Rückgangsursachen sind unbekannt.) In Thüringen waren von 50 Bruten 34 erfolgreich (Sacher 1980), dies entspricht einem Bruterfolg von 4 juv./BP. In der BRD wurden von 76 Bruten 22 (29 %) zerstört (Hudde 1959). Zu beachten ist, daß es sich bei den vorhergenannten Verlusten um unvollständige Gelege handelt.

Tabelle 14 zeigt, daß Säuger als Feinde überwiegen. Hier sind es insbesondere Mauswiesel an den Bächen, Eichhörnchen im Auswuchs der Bäume und Mäuse, die Zaunkönignester gefährden. Unerklärlich ist, daß Nester mit Gelegen stärker gefährdet sind, als solche mit Jungvögeln. Bei Gelegen wurde ein Verlust von 30–40 % festgestellt, dagegen bei Nestlingen von nur 13 %.

Besonders gefährdet sind Jungvögel in Auswuchsnestern am Stamm von Laubbäumen oder im Fichtenreisig am Boden, sie haben kaum eine Chance zum Überleben. Stark gefährdete Nester kann man mit Maschendraht (Maschenweite 26 mm, Hasendraht) schützen. Durch diese Maschen schlüpft der Altvogel ohne Zögern hindurch.

Erfolgreich ist auch das Anbringen von losen Zweigen am Nest, die Feinde registrieren eine Veränderung und lassen das Nest in Ruhe. Hierzu ein Beispiel: In einem Nest mit 7 juv. verschwand in den ersten zwei Tagen nach dem Schlüpfen täglich ein Jungvogel. Nach dem Anbringen von losen Zweigen flogen 5 juv. aus. Einer

Tabelle 14. Brutverluste von Gelegen und Jungvögeln beim Zaunkönig in Baden-Württemberg, 1974–1983. n = 1997 Brut- und Wahlnester, x Verluste durch forstwirtschaftliche Maßnahmen (Einsatz von Grabenfräsen, Holzeinschlag, Waldwegebau und Beseitigung von Wurzeltellern). Orig.

Verursacher	Anzahl der Gelege	juv. (Bruten)
Säuger	107	43
Insekten	6	1
Schnecken	5	1
Mensch	45 x	1 x
Vögel	26	4
Unbekannt	158	1
Summe	372	58

dieser Jungvögel wurde im darauffolgenden Jahr als Revierinhaber in der Nachbarschaft gefangen (er blieb 2 Jahre in diesem Revier und war polygam).

Bei eigenen Untersuchungen konnten einige markante Spuren von Nesträubern festgestellt werden:

Eichhörnchen *(Sciurus vulgaris)*

Im Nestdach befindet sich ein zusätzliches Loch. Solche Nester befinden sich häufig im Auswuchs von Bäumen.

Hermelin *(Mustela erminea)*

Das Hermlin springt vom Bachgrund an das Nest hinauf und reißt dieses herab. Höhen von 1 m sind keine Seltenheit. Häufig werden Bachläufe systematisch abgesucht.

Mäuse

Der Eingang ist erweitert, Eier und juv. werden angefressen.

Eichelhäher *(Garrulus glandarius)*

Das Nest wird total „zerpflückt", so daß Eierschalen und Jungvögel unauffindbar sind.

Siebenschläfer *(Glis glis)* und Haselmaus *(Muscadinus avellandaius)*

Beide Bilcharten benutzen selten Nester des Zaunkönigs. Bei den eigenen Untersuchungen wurden nur in verlassenen Zaunkönignestern Haselmäuse gefunden.

Weitere Nestverluste werden durch folgende Tiere verursacht:

Hummeln (*Bombus* spec.)

Sie nehmen vorzugsweise Wahlnester, selten Nester mit Eiern und Jungvögeln in Besitz. Ihre Anwesenheit ist durch einen mit Moos verstopften Eingang leicht erkennbar. Das Innere des Nestes ist total zerwühlt. Beim „Anklopfen" an das Nest brummen die Hummeln. Die gestörten Insekten sind dann sehr angriffslustig und können schmerzhaft stechen. Da sie stark gefährdet sind, wurde auf die Entfernung von ihnen besiedelter Zaunkönignester verzichtet.

Rote Wegschnecke *(Arion rufus)*

Die Schnecken kriechen gerne in Nester mit Eiern und Jungvögeln und überziehen diese mit ihrem Schleim. Hierbei werden Höhen von über 2 m überwunden. Der Vogel wehrt sich nicht dagegen, sondern verläßt das Nest.

Erdkröte *(Bufo bufo)*

Nur einmal wurde beobachtet, daß sich eine Kröte in einem Bodennest verkroch.

Parasiten

In Zaunkönignestern sind nur in seltenen Fällen Parasiten anzutreffen (s. auch Niethammer 1937).

10.6. Polygamie

Der Nachweis von Polygamie gelingt nur über die Farbberingung. Bei 311 Revieren in meinem Untersuchungsgebiet konnte ich nur 12 eindeutige Beweise für Polygamie ermitteln. Kluijver u. a. (1940) stellten bei ihren Untersuchungen in einem verwilderten Garten in Holland fest, daß 50 % der Männchen polygam waren. Die meisten Männchen besaßen zwei Weibchen, drei jeweils sogar drei. Wahrscheinlich ist die Zahl der Bigamisten von Population zu Population verschieden, wobei das dafür verantwortlich zu machende Faktorengefüge noch genau erforscht werden muß. Wichtige Faktoren sind nach meiner Ansicht: Frühes Besetzen des Reviers, lautes Singen, Reviergröße, Habitatsstruktur und das Vorweisen einiger Wahlnester. Zu ähnlichen Erkenntnissen kamen auch Whitehouse u. Armstrong (1977) und Garson (1980a).

Nachfolgend hierzu einige eigene Untersuchungsergebnisse: 1983 brüteten zwei Weibchen in einer Entfernung von 2,9 m im Heu eines Schobers (Bachnähe). Weibchen BS 78447 (dgn/hgn) legte am 18. 4. das erste Ei und Weibchen BS 78580 (dbl/wesw) am 4. 5. Bemerkenswert war, daß die Vögel untereinander recht verträglich waren. Das Männchen hielt sich bereits sehr früh (Anfang März) im Revier auf.

Eine ähnlich geringe Nestdichte zweier Weibchen, hier 3 m Abstand, wiesen zwei Nester in Baumstümpfen in einem Laubwald auf. Auch hier beherrschte das Männchen bereits im Frühjahr ein großes Revier. Die beiden Baumstümpfe waren weit und breit die einzigen Nistplätze.

Besonders interessant ist die Monografie des Männchens BP 21521 (rt/gn). Dieser Vogel schlüpfte am 18. 6. 76 aus einem 7er Gelege in einem Auswuchsnest am Stamm einer Buche. Da täglich ein Jungvogel verschwand, wurden vom Verfasser Veränderungen am Nest vorgenommen (s. Bruterfolg). Am 16. 3. 77 tauchte eines der „Geretteten" als Männchen in der Probefläche „Riederichbach" (300 m entfernt) auf. Mit Japannetz und Klangattrappe wurde der Revierinhaber gefangen und farbig markiert. Der Fang bereitete keine Mühe, da der Vogel ein aktiver Sänger und sehr aggressiv war. 1977 flogen aus seinem Revier zwei Bruten aus. 1978 war er wieder Revierinhaber und besaß am 28. 4. Weibchen BP 21521 (bl/ge) und am 9. 5. Weibchen BP 92847 (li/li), dessen Gelege zerstört wurde. Bereits am 17. 5. ging er eine neue Ehe mit einem unbekannten Weibchen ein. Auch hier wurde das Gelege zerstört. Am 30. 5. erfolgte eine Brut eines unberingten Weibchens und am 17. 6. wurden die Eier einer Zweitbrut, Weibchen BP 92811 (dbl/ge) ebenfalls zerstört. Dieses Weibchen war auch ohne Farbberingung deutlich erkennbar, denn es besaß einen weißen Nacken.

Dem polygamen Männchen gelang es also, in einer Brutsaison 5 verschiedene Weibchen für sich zu gewinnen. Gleichzeitig ist dies ein Beweis, daß Weibchen ohne Brutnest in der Saison umherziehen, sie weisen keine feste Revierbindung auf. Nach dem 25. 6. 78 wurde das Männchen „rt/gr" nicht mehr gesehen.

10.7. Partnertreue

Bei 184 farbig markierten Weibchen konnte nur bei einem Exemplar Partnertreue nachgewiesen werden. Das Weibchen BO 75174 blieb 1980 bei Erst- und Zweitbrut (die Nester waren nur 20 m voneinander entfernt) seinem Männchen treu. Partnertreue über mehrere Jahre wurde nicht beobachtet. Dieses gelang aber Kluijver u. a. (1940). Das Weibchen 21 blieb drei hintereinanderfolgenden Bruten dem Männchen 42 treu. Zwei weitere Bruten wurden von zwei Weibchen mit dem ersten Partner ausgeführt.

Wahrscheinlich hängt dieses Verhalten mit der geringen Revierbindung der Weibchen zusammen. Die weiblichen Vögel kümmern sich nicht um Reviergrenzen und überschreiten diese zur Nahrungssuche. Im fremden Revier werden sie sofort von dem Revierinhaber angebalzt. Bei mißglückter Brut können die Weibchen weit umherwandern. Bei zwei nachweislichen Fällen siedelten sich die Weibchen in 3 km Luftlinie entfernten Revieren an.

10.8. Brutnachbarschaft

Zaunkönignester befinden sich öfters in geringer Entfernung zu Nestern anderer Vogelarten. Bei eigenen Untersuchungen betrug der Abstand zu einem Rotkehlchennest z. B. nur 0,3 m. Die gute Nachbarschaft dieser beiden Arten erwähnt auch Armstrong (1955). Gelegentlich verwendet die eine Art das Nest oder Nistmaterial der anderen oder legt die Bauten übereinander an. Dies trifft auch für die Heckenbraunelle zu. Hier betrug der geringste Nestabstand 0,5 m. In einer Nisttasche brütete eine Heckenbraunelle auf einem Zaunkönig-Wahlnest. Makatsch (1935) beobachtete dieses in einem Rüsterausschlag.

Ungestört ist auch das Verhältnis des Zaunkönigs zur Gebirgsstelze und Dorngrasmücke (Bobson 1952) und zum Haussperling (Makatsch 1935). Dagegen dulden Amseln und auch Wasseramseln keinen Zaunkönig in ihrer Nähe (s. 11.3.). Bei eigenen Beobachtungen war festzustellen, daß der Vogel bei einer Brutnachbarschaft mit der Amsel mehrfach sein Gelege verließ (Nestabstände: 20–30 cm).

Ein ähnliches Verhalten beobachtete Picman (1983) in Kanada zwischen dem Rotschulterstärling *(Agelaius phoeniceus)* und der Zaunkönigart *Cistothorus palustris.*

Mitunter werden auch Nestlinge anderer Arten gepflegt. Sieht man vom Kuckuck ab (vgl. 10. 9.), füttert der Zaunkönig Blaumeisen (Kuke 1977), Kohlmeisen (Küchler briefl.) und Wasseramseln (Dupont 1975). Mohr (1953) fand Jungvögel vom Zilpzalp und Zaunkönig in einem Nest.

Versuche mit eingesetzten Eiern und Jungvögeln fremder Arten verliefen erfolgreich, z. B. Buchfink (Hoehl 1938/39) und Hausrotschwanz (Verfasser).

Bei tropischen Zaunkönigen beteiligen sich die Jungvögel der Erstbrut beim Füttern einer späteren Brut (Armstrong in Grzimek 1976). Beim europäischen Zaunkönig konnte ein solches Verhalten nicht beobachtet werden.

10.9. Kuckuckswirt

Zaunkönignester werden nur selten vom Kuckuck zur Eiablage aufgesucht. Ein häufigeres Nutzen erfolgt wohl nur dann, wenn kein Nest anderer Wirtsvögel zur Verfügung steht. Bei eigenen Untersuchungen (Schwäbische Alb) von 1997 Zaunkönignestern erhielt nur eines einen jungen Kuckuck. Auch Gatter (1970) fand in dieser Gegend nur einen Zaunkönig-Kuckuck, regionale Unterschiede sind allerdings nicht auszuschließen. So berichtet Jäckel (1891), daß in einigen Teilen des damaligen Deutschlands der Zaunkönig durch den Kuckuck stark dezimiert wurde, d. h. Zaunkönige verhältnismäßig häufig Kuckuckswirt gewesen sein müssen. Die nachfolgenden Nachweise bestätigen kein häufiges Vorkommen.

In seinem Zaunkönigbuch nennt Armstrong (1955) 5 Bruten in England. Ebenfalls 5 Funde liegen in Holland vor (Hellebrekers 1949, 1951). Für Frankreich konnte Cauldon in Makatsch (1971) einen Nachweis erbringen. Christensen (1979, Dänemark) und Sellin (1969, DDR) gelangen Aufnahmen von aufgezogenen Jungvögeln.

In einer Zusammenfassung über beringte Kuckucke (Benecke 1982) sind bei 3558 Kuckucken 5 Nestjunge aufgeführt, deren Wirtsvogel der Zaunkönig war. Von 65 Kuckuckseiern im Raum Braunschweig wurden 8 in Zaunkönignester gelegt (Warncke u. Wittenberg 1958). Schneider (1981) untersuchte 1600 Nester von Singvogelarten, die als Kuckuckswirt in Frage kommen können. Er fand einen vom Zaunkönig erfolgreich aufgezogenen Kuckuck und zwei Eiablagen. In S-Niedersachsen ist der Zaunkönig gelegentlich Wirtsvogel (Bögershausen 1978).

Makatsch (1971) errechnete aus 14 Eimaßen von Kuckuckseiern in Zaunkönignestern eine durchschnittliche Eigröße von 22,1 × 16,4 mm (dagegen mißt ein Zaunkönigei nur 16,5 × 12,5 mm). Der deutliche Größenunterschied wird vom Zaunkönig möglicherweise nicht erkannt, zumal das überdachte Nest verhältnismäßig dunkel ist, so daß fremde Eier wenig auffallen dürften. Das bestätigt auch Moebert (1954), der in zwei Fällen je ein Kuckucksei in ein Nest legte – beide wurden angenommen. Auch ein eigener Versuch mit einem Hausrotschwanzei war erfolgreich.

Kuckucksweibchen beobachten Vögel beim Nestbau und legen dann später ihre Eier in die Brutnester (Gärtner 1981, 1982). Beim Zaunkönig dürfte dies schwierig sein, da der größte Teil der Nester nicht zur Brut benutzt wird. In der Regel hat der Brutschmarotzer auch Schwierigkeiten, sein Ei in ein Zaunkönignest zu legen, da sich diese an schwer zugänglichen Stellen befinden. Der von mir erbrachte Nachweis betrifft ein Nest an einem Bach unter einem Überhang mit 30 cm Tiefe. Der Kuckuck konnte nur von unten den Hang angeflogen und sich daran festgeklammert haben. Dann mußte der Vogel den Hinterleib so stark verschmälern, daß das Ei durch das enge Eingangsloch gepreßt werden konnte. Hierbei darf der Eindringling den Eingang nicht stark beschädigen, da Zaunkönige darauf sehr empfindlich reagieren und in der Regel das Nest mit dem Gelege verlassen.

Ashby (1932) beobachtete ein Zaunkönigmännchen, das seine Jungen vernachlässigte, aber einer Heckenbraunelle beim Füttern eines Kuckucks half. Vermutlich hat es sich dabei aber um ein Weibchen gehandelt, da die Männchen die Nestnähe überwachen und sich selten am Füttern beteiligen.

Der Zaunkönig sieht in dem Kuckuck einen Feind, dies zeigten Versuche mit einem Kuckuck-Stopfpräparat (Löhrl u. Verfasser unveröff.) in Nestnähe. Das Männchen verhielt sich dabei sehr ängstlich.

11. Verhalten

11.1. Aktivitäten, Bewegung

Der Zaunkönig ist ein Tag- und Dämmerungsvogel. Nach Aussagen einiger Beringungsstationen (s. 15.) zieht die Art auch nachts.

Der Vogel hüpft am Boden, schlüpft und durchkriecht Wurzelwerk, Dickichte, Ritzen und Löcher. Die Höhen, in denen er sich bewegt, hängen stark vom Biotop ab (Bairlein 1981). Revierverteidigende Männchen steigen bis in die Spitzen von hohen Bäumen (s. Gesang). Teilweise klettert der Vogel in Baumläuferart einige

Meter den Stamm hinauf. Sehr selten klettert er kopfabwärts. Aus engen Spalten oder Schächten vermag er senkrecht aufzusteigen.

Zaunkönige fliegen meist nur kurze Strecken und meiden die freie Fläche. Ihr Flug ist schnurrend und gradlinig.

Bei der Überquerung von größeren Wasserflächen, z. B. beim Flug von einer Insel zur anderen oder zum Festland, fliegt der Zaunkönig sehr niedrig über dem Wasser (Panzer u. Rauhe 1978).

Der Wanderflug kann als Schlangenlinie mit kurzen und flachen Bögen bezeichnet werden.

11.2. Sozialverhalten

Vogelzüchter fanden als erste heraus, daß Zaunkönige nicht besonders gesellig sind (s. Gefangenschaftshaltung). Eine Ausnahme tritt bei extremer Witterung ein, wenn die Vögel gemeinsam übernachten (s. Ruhe). Weibchen sind während der Brutzeit untereinander recht verträglich. Als Weibchen polygamer Männchen brüteten sie in nächster Nähe (s. Polygamie).

Ausgeflogene Jungvögel können über 4 Monate beisammen bleiben (s. Zugverhalten).

11.3. Aggressivverhalten

Durch lauten Gesang und mit steilaufgerichtetem Schwanz verteidigen die Männchen ihre Reviere. Eine besondere Verteidigung der Brutnester findet nicht statt. Zu ernstlichen Revierkämpfen kommt es selten. Fischer (briefl.) berichtet von einer Beobachtung, bei der sich zwei kämpfende Männchen ineinander verkrallten. Eines davon konnte mit der Hand gefangen werden. Nach seinem Freilassen ging der Kampf weiter. Manche Kämpfe haben einen tödlichen Ausgang (Armstrong 1955). Ich konnte beim Einsatz einer Klangattrappe und eines Stopfpräparates keine ähnliche Beobachtung machen.

Das Männchen verhält sich auch gegenüber Menschen aggressiv, wenn sich dieser einem „Spielnest" nähert (Kluijver u. a. 1940). Dieses Verhalten konnte ich nicht beobachten.

In der Regel kann sich der Revierinhaber gegenüber Eindringlingen gut behaupten. Das Imponiergehabe wird besonders intensiv, sobald sich ein Weibchen in der Nähe befindet.

Der steilaufgerichtete Schwanz bedeutet nicht immer Aggression, so wird z. B. auf der Singwarte grundsätzlich diese Haltung eingenommen. Das Männchen führt ständige Revierkontrollen durch und inspiziert mehrmals am Tage seine Nester. Revierverteidigungen im Winter sind lokal bedingt. Nebeneinander singende Männchen in mitteleuropäischen Winterquartieren zeigen keinerlei Aggressionen (s. Reviere).

Gegenüber Brutnachbarn (andere Vogelarten) ist der Zaunkönig verträglich (s. Brutnachbarschaft). Er ist aber in der Lage, die Wasseramsel von ihrem Nest zu vertreiben (Sacher 1980).

11.4. Sexualverhalten

Die Paarbildung ist nicht mit dem gemeinsamen Nestbau verbunden, da das Männchen das Außennest allein baut (s. Nestbau). Durch lauten Gesang lockt das Männchen eines (oder mehrere Weibchen) an seine Nester. Nähert sich dieses, so wird die Stimme leiser und die Strophe wird nicht mehr vollständig gesungen. Das Weibchen nimmt Balzhaltung ein, dabei hängen die Flügel herab und bewegen sich ständig, der Schwanz wird gefächert und auf und ab und nach links und rechts bewegt. Das Männchen fliegt auf das Weibchen zu, kehrt um, schlüpft häufig in eines seiner Nester oder steckt nur den Kopf hinein, dabei singt es. Er zeigt ihr den Weg zum Nest. Bekundet das Weibchen für dieses Nest Interesse, äußert es ein leises „*tserr*". Dies ist gleichzeitig das Zeichen für die Paarungsbereitschaft. Das Weibchen bewegt den Schwanz vor- und rückwärts und ist zur Kopulation bereit. Geht es auf die Ehe ein, beginnt es in den nächsten Tagen mit der Auspolsterung des Brutnestes.

Vor der Zweitbrut balzen Männchen bereits wieder Weibchen an, wenn diese noch Jungvögel im Nest füttern. Im Ausnahmefall verläßt der weibliche Vogel die noch nicht ausgeflogenen Jungen und beginnt mit einer neuen Brut.

Weibchen sind während der Brutperiode nicht reviertreu (s. Zug), daher versucht das Männchen jedes sich ihm nähernde Weibchen zu gewinnen, dies führt dann bei Erfolg zu Polygamie. Paarbildung im Winter ist unwahrscheinlich. Schmidt (1966) beobachtete am 27. Dezember 1964 eine Winterbalz.

Armstrong (1950) gibt folgende Gründe für Winterreviere an:

1. Es stehen mehrere Nester zur Übernachtung zur Verfügung
2. Das Revier ist bekannt, die Futtersuche wird dadurch erleichtert.
3. Es kann früher mit dem Nestbau begonnen werden, und es werden mehrere Nester gebaut.

Huber (1953) stellte am Wörthersee ein Winterrevier mit einer Größe von 1500 qm fest.

11.5. Feindverhalten

Nach dem Erkennen des Boden- oder Luftfeindes (z. B. Greifvögel aber auch Waldschnepfe, Goodwin briefl.), beginnt das Männchen laut und ausdauernd zu warnen und verkriecht sich immer in ein sicheres Versteck wie Wurzelwerk am Bachufer, Löcher, Baumhöhlen oder Reisighaufen. Neugierig taucht es wieder an erhöhten Punkten auf. Angriffe auf Feinde konnten nicht beobachtet werden. So warnte z. B. ein Männchen beim Zuschlagen einer Autotür in 50 m Entfernung, auch wenn keine Brut vorhanden war. Brütende oder hudernde Weibchen hören das Herannahen eines Menschen in einer Entfernung von 5 m, sie schauen dann häufig aus dem Nest heraus. Nach dem Verlassen des Nestes flüchten sie sich lautlos in ein Versteck. Dabei beträgt die Fluchtdistanz 3–5 m. Das Männchen hält durch sein ständiges Warnen das Weibchen von der Rückkehr zum Nest ab. Beim Führen der ausgeflogenen Jungen warnt das Männchen oder Weibchen und lockt die Jungen in eine sichere Deckung.

Zaunkönige gewöhnen sich leicht an den Menschen. Bei einem Nest an einer bewohnten Waldhütte konnte der Besitzer direkt unter dem Nest sitzen, die Altvögel ließen sich nicht beim Füttern stören. Ein ähnliches Verhalten teilte Grätz (briefl.) mit.

11.6. Brutverhalten

Stets brütet nur das Weibchen. Es füttert auch in der ersten Woche nach dem Schlüpfen allein. Das brütende Weibchen wird vom Männchen nicht gefüttert. Verunglückt ein Weibchen mit frischgeschlüpften Jungvögeln tödlich, so ist das Männchen nicht in der Lage, die Brut zu übernehmen. Das Männchen hält sich in der Nachbarschaft auf, singt oder „tickt" häufig, Besuche am Nest sind selten. Das heißt aber nicht, daß Männchen generell nicht füttern, durch Bettellaute der Jungen werden sie zur Mitfütterung angeregt, dabei verhalten sie sich sehr ruhig und „ticken" wenig.

Männchen und Weibchen kommen grundsätzlich auf verschiedenen Wegen zum Nest, dabei wird der persönliche Weg überwiegend eingehalten (Grätz briefl.).

Bei Zweitbruten widmen die Männchen den Jungen mehr Aufmerksamkeit, Nestbau- und Gesangsaktivitäten lassen nach.

Ausführliche Angaben über Fütterungshäufigkeiten, Verweildauer, Empfangen und Forttragen von Kot liefert Goertz (1960). Die Dauer betrug in der Zeit von 17.00–19.47 Uhr insgesamt 167 Minuten. Es erfolgte alle 2,86 Minuten eine Fütterung, alle 11,3 Minuten wurde ein Kotballen fortgetragen (55,65 Minuten/Jungvogel), dies entspricht drei Verdauungsperioden.

Aus dem Nest gefallener Kot wird vom Boden entfernt (Goertz 1960) und häufig ins Wasser geworfen.

Die flüggen Jungvögel lockt das Weibchen aus dem Nest. Sobald die Jungvögel ausgeflogen sind, werden sie von dem wachsamen Männchen begleitet, aber nur selten gefüttert. Bei der geringsten Gefahr beginnt das Männchen sofort zu „ticken". Die Jungen können über 14 Tage beisammen bleiben (s. Sozialverhalten).

Die Jungen übernachten gemeinschaftlich, sie werden vom Männchen zu einem Wahlnest oder in ein anderes sicheres Versteck gelockt.

12. Nahrungssuche und Nahrung

Der Zaunkönig ernährt sich fast ausschließlich animalisch. Er sucht seine Beutetiere in Bodennähe, im Wurzelwerk von Bächen, im Reisig am Boden und in Spalten und Ritzen. An größeren Gewässern findet er seine Beute im Schwemmgut. Dabei werden auch im Wasser lebende Kleintiere und deren Larven aufgenommen (Reckin 1966, eigene Beobachtungen).

Als Nahrungsreviere werden Gewässer bevorzugt. Dies hängt zweifelsohne mit dem reichhaltigen Nahrungsangebot am Wasser zusammen. Daher ist es auch nicht verwunderlich, daß in nahrungsarmer Zeit (im Winter) die Vögel zu den größeren Flüssen und Seen ziehen (s. Überwinterung). Bei fortgeschrittener Vegetationsentwicklung erfolgt die Nahrungssuche auch in höheren Bäumen, doch wurde dies bisher nur bei Männchen beobachtet (Witherby 1938, eigene Beobachtungen). Beim Fang der Beute im Flug ist der Vogel nicht besonders geschickt.

Tabelle 15. Nachweis der in der Literatur aufgeführten Nahrung des Zaunkönigs

Beuteart	Autor
Spinnentiere – Arachnida	
Spinnen – Araneae	Naumann 1897–1905
	Studer u. Fatio 1907
	Witherby 1938a, b
	Armstrong 1953, 1955
	Voous 1962
Weberknechte – Opiliones	Sellin 1969
Milben – Acari	Studer u. Fatio 1907
	Glutz von Blotzheim 1962
Krebse – Crustacea	
Ruderfußkrebse – Copepoda	Voous 1962
	Reckin 1966
Asseln – Isopoda	Studer u. Fatio 1907
Tausendfüßer – Myriapoda	Studer u. Fatio 1907
	Glutz von Blotzheim 1962
	Voous 1962
Insekten – Insecta	
Libellen – Odonata	Glutz von Blotzheim 1962
Ohrwürmer – Dermaptera	Studer u. Fatio 1907
	Witherby 1938
	Glutz von Blotzheim 1962
	Armstrong 1955
Heuschrecken – Saltatoria	Glutz von Blotzheim 1962
Wanzen – Heteroptera	Studer u. Fatio 1907
Ameisen – Formiocoidea	Studer u. Fatio 1907
Hautflügler – Hymenoptera	
Florfliege – *Crysopa vulgaris*	Sellin 1969
Netzflügler – Panipennia	Studer u. Fatio 1907
	Kluijver u. a. 1940
	Glutz von Blotzheim 1962
Kleidermotte – *Tineola biseliella*	Naumann 1897–1905
	Witherby 1938
	Armstrong 1953, 1965
Eichenwickler – *Tortrix viridana*	Kummerloeve 1958
Kohlweißling – *Pieris brassicae*	Armstrong 1955
Stechmücke – *Culex pipiens*	Studer u. Fatio 1907
	Witherby 1938
	Timmermann 1947
	Armstrong 1953, 1955
	Glutz von Blotzheim 1962
	Reckin 1966
Zweiflügler – Dipteren (Fliegen)	Naumann 1897–1905
	Studer u. Fatio 1907
	Timmermann 1949
	Witherby 1938
	Armstrong 1953, 1955

Beuteart	Autor
Weichtiere – Mollusca	Lowe in Armstrong 1955
Lurche – Amphibia	
Kaulquappen	Hyde-Parker in Armstrong 1955
Vegetarische Nahrung:	
Holunderbeeren – *Sambucus racemosa* u. *nigra*	Naumann 1897–1905
Kleine Samen	Studer u. Fatio 1907
	Armstrong 1955
	Glutz von Blotzheim 1962

Insel- oder Küstenvögel suchen im Spülsaum des Meeresufers nach kleinen Weichtieren (Lowe in Armstrong 1955, Panzer u. Rauhe 1978) oder im Faschinengeflecht der Lahnungswerke (Busche briefl.).

Im Winter erfolgt die Nahrungssuche bevorzugt in Schilfgebieten (Hawthorn 1971, Bairlein 1981). Die Zaunkönige zeigen dabei ein Verhalten, das dem der Blaumeisen ähnelt, die im Winter gern ihre Nahrung im Schilf suchen (Frömel 1981).

Durch seine Kleinheit ist der Vogel in der Lage, selbst in die engsten Winkel oder in das dichteste Gebüsch vorzudringen. Der lange und dünne Schnabel ist zum „Abklauben" der Nahrung von der Bodenvegetation und zum Stochern gut geeignet (Bairlein 1981). Im Winter konnte ich an meinem Haus ein Männchen beobachten, wie es durch den Gitterrost eines Lichtschachtes (Einzelgitter 30 × 30 mm) schlüpfte, um dort nach Spinnen oder deren Eiern zu suchen.

Der Zaunkönig verzehrt mit Vorliebe verpuppte Insekten. Auch der Fang von kleinen Käfern konnte von mir festgestellt werden. Die unverdaulichen Chitinteile würgt der Vogel als Speiballen heraus. Offensichtlich nimmt der Zaunkönig nur ungern größere Nachtfalter auf (Creutz 1974). Er hält sich gern an Bienenhäusern auf, fängt aber keine Bienen, sondern sucht nach Spinnen und Motten (Naumann 1897). Nach meinen Beobachtungen werden Bienenhäuser und andere Hütten gern als Neststandort gewählt.

Es fällt auf, daß der Zaunkönig nicht in der Lage ist, Hummeln aus seinem Nest zu vertreiben oder zu töten. Diese Insekten sind, ähnlich den bereits erwähnten Nachtfaltern, für den Vogel zu groß.

Mir gelang es nicht, einen Zaunkönig beim Trinken zu beobachten. Nach meiner Ansicht wird beim „Fischen" nach Kleinlebewesen an der Wasseroberfläche gleichzeitig Flüssigkeit aufgenommen.

13. Ruhe und Putzen

13.1. Ruhe

Der Zaunkönig ist kein geselliger Vogel, er übernachtet gewöhnlich allein im Wurzelwerk, in Strauchhaufen, Fichtenschonungen und im Schilf (Witherby 1938, Hawthorn 1971). Während der Brutzeit übernachten die Weibchen in den Brutnestern und die Männchen gelegentlich in Wahlnestern. Im Winter suchen die Vögel in Gebäuden, z. B. Dachböden, Ställen, Gärtnereien und Tiergärten, Schutz.

Bei extrem kalter Witterung bilden sich Schlafgemeinschaften. Die Vögel liegen im Kreis, die Köpfe in die Mitte gerichtet, und die Schwänze sind steil nach außen gestreckt (Löhrl 1956, Ammermann 1975). Bekannt sind auch mehrere Hinweise auf gemeinsames Übernachten in Nistkästen. Die Nacht vom 11. 1. 1978 mit —20 °C veranlaßte 10 Zaunkönige, in einem Kasten zu übernachten (Holinek 1979). Die Schläfer suchten ihr Nachtquartier kurz nach Sonnenuntergang auf, dafür benötigten die ersten fünf etwa 6 Minuten. Der Abflug begann 30 Minuten vor Sonnenaufgang und dauerte nur zwei Minuten (Ammermann 1975). Bei 3 bis 11 Exemplaren registrierte Ward (1980) einen Einflug von 30 Minuten und einen Abflug von 20 Minuten.

Die Teilnehmerzahl solcher Schlafgemeinschaften kann sehr groß sein. Löhrl (1956) erwähnt 46 Ex. in einem Nistkasten und Fower (in Stiefel 1968) 61 in einem Kasten mit den Maßen 14,5 × 11,3 × 13,7 cm. Die höchste Anzahl sah Haynes (1980) am 15. 2. 79 durch ein Loch in einen Dachboden einfliegen, es waren 98 Vögel. Ringleben (1970) beschreibt das Übernachten unter einem Dachvorsprung. Besonders bevorzugt werden auch Ställe und Gärtnereien. So nächtigten z. B. 15 Zaunkönige in einer Gärtnerei in Ostfriesland (v. Toll 1966). Ähnliche Schlafplätze meldet auch van der Ploeg (1977) aus Holland.

Spezielle Schlafnester (s. Nest) werden nicht gebaut, doch werden alte Zaunkönignester und Nester anderer Vögel aufgesucht (Sharrok 1980, Kluijver u. a.1940, Dallmann 1977). Kluijver und seine Mitarbeiter machten an einem 4. Januar mit —8 °C folgende Beobachtungen: Vier Nester waren mit jeweils 4, 7, 3 und 11 Zaunkönigen besetzt. Es waren Männchen, Weibchen und Jungvögel in einem Nest. Selbst die Männchen 23, 42 und 91, die Nachbarn waren und sich sonst schlecht vertrugen, schliefen zwei Abende friedlich beisammen.

Übernachten von Zaunkönigen in den Nestern anderer Arten wurde mehrfach beobachtet: So bezogen 14 Zaunkönige ein Wacholderdrosselnest (Mansfeld in Stiefel 1963). Cox (in Creutz 1956) entdeckte schlafende Jungvögel in einem Drosselnest. Zaunkönige übernachteten auch in Grünling- und Grasmückennestern (Kluijver u. a. 1940), in Schwalbennestern (Riviere in Creutz 1956, Witherby 1938, Ringleben 1970, Stiefel 1976). Selbst in einem Eichhörnchenkobel in 6–7 m Höhe beobachtete Collingwood (1980) 17 Zaunkönige. Ferner sind übernachtende Zaunkönige beobachtet worden in einem Hexenbesen einer Birke (Steinbacher in Stiefel 1963) und in der Aushöhlung der Borke eines Mammutbaumes (Frevert 1963). Daß sie gern unter Baumrinden übernachten, wurde auch von Witherby (1938), Friis (1940) und Blume (briefl.) erwähnt.

Mit anderen Vogelarten, z. B. Feldsperling *(Passer montanus)* und den Baumläufern (*Certhia brachydactyla* und *C. familiaris*) übernachtet der Zaunkönig u. U. in unmittelbarer Nachbarschaft (Frevert 1963).

13.2. Putzen und Baden

Es gibt nur wenige Freilandbeobachtungen über sich putzende Zaunkönige. Es ist daher anzunehmen, daß sie sich dieser Prozedur heimlich in sicheren Verstecken oder an geschützten Plätzen unterziehen, um jeglicher Gefahr zu entgehen. Die Putzhandlung kann beim Männchen durch Gesang unterbrochen werden und dauert etwa 5 Minuten. Nach einem starken Regen oder nach dem Einemsen wird das Gefieder sorgfältig eingefettet. Das häufige Schnabelputzen an Ästen hat wenig mit Putzen zu tun, sondern ist ein Zeichen von hoher Erregung.

Zaunkönige baden selten. Hohl (briefl.) beobachtete an einem warmen 1. November einen badenden Zaunkönig in einem kleinen Teich. Die Badedauer betrug 2 × 30 s. Geeignete Stellen können eine Weidenrute, ein geknickter Schilfstengel oder eine Wurzel in der Nähe des Wasserspiegels sein. Auf diesen „Treppen" steigt der Vogel in das tiefere Wasser.

Häufiger sucht der Zaunkönig feuchtes Gras auf oder nimmt ein Sand- oder Sonnenbad (Niethammer 1937, 1938, Schmidt 1966, Edwards 1981 und Hohl 1981). Dieses Bad kann bis zu 8 Minuten dauern. Beim Sonnenbaden sind Flügel und Schwanz ausgebreitet. Gelegentlich werden auch die Augen geschlossen, dabei wird das obere Lid herabgesenkt (Wilcke 1952).

14. Alter, Feinde, Todesursachen

14.1. Alter

Eine eindeutige Aussage über die Lebenserwartung und über ein maximales Alter einer Vogelart kann nur durch die Vogelberingung oder Gefangenschaftshaltung erfolgen. Bei einem kleinen Vogel mit einer niedrigen Wiederfundquote, beim Zaunkönig sind es 0,18–0,56 % (s. Beringung), gibt es nur wenige Belege.

Aus Tabelle 16 ist ersichtlich, daß der größte Teil der beringten Vogel höchstens 3 Jahre wurde. Zu beachten ist hierbei, daß nur bei Nestlingen eine eindeutige Altersaussage getroffen werden kann. Bei den Auswertungen beträgt der Anteil der be-

Tabelle 16. Altersangaben für 914 Ringwiederfunde, unterteilt nach Ländern, Wiederfunden/Land und Unterscheidung nach Nestlingen und Fänglingen (N/F) sowie Zeit nach der Beringung. EDV-Auswertung der Europäischen Beringungszentrale EURING, Arnhem, Niederlande (Stand: Oktober 1983)

Land	Jahr						
	1.	2.	3.	4.	5.	6.	7.
BRD u. DDR (n = 135)	25/72	18/20	1/4	–/1	–/–	–/2	–/–
Dänemark (n = 72)	3/35	–/15	–/–	–/–	–/–	–/–	–/–
Frankreich (n = 83)	7/50	5/7	1/7	1/3	–/–	–/–	–/2
England (n = 514)	17/359	3/92	–/33	–/3	–/6	–/1	–/–
Schweiz (n = 2)	–/–	–/2	–/–	–/–	–/–	–/–	–/–
Niederlande (n = 20)	20/71	7/11	2/6	–/2	–/–	–/1	–/–

ringten Nestlinge nur 12 %. Der Verfasser konnte seit 1972 2248 Nestlinge und 404 Fänglinge beringen. Nur zwei beringte Nestlinge wurden bereits im ersten Jahr in der Nähe gefunden. Bei 14 eigenen Wiederfängen gab es 6 Ex. mit einem Alter von zwei Jahren.

Hawthorn u. Mead (1975) ermittelten in England eine jährliche Überlebensrate von 37 %, davon 44 Wiederfunde im ersten Jahr, 16 Funde im zweiten Jahr und 4 Funde im dritten Jahr.

Angaben über das Alter von Gefangenschaftsvögeln liegen nicht vor.

14.2. Feinde und Todesursachen

Es gibt keinen Räuber, der sich auf den Zaunkönig spezialisiert hat. Durch seine Kleinheit und das geschickte Ausnutzen von Deckung ist der Vogel unauffällig. Die Auswertungen der Europäischen Beringungszentrale EURING in Arnhem, Holland, Stand 1983 (unveröff.) zeigen, daß bei 156 Wiederfunden (18 %) als Todesursache „Fang durch Katze“ angegeben wurde. Da der Zaunkönig sich häufig wie eine Maus am Erdboden bewegt, wird er leicht zur Beute dieses Haustieres.

Verhältnismäßig gering sind die Verluste durch den Straßenverkehr. Haas (1964) fand unter 1850 Verkehrsopfern nur einen Zaunkönig. Bei 704 überfahrenen Wirbeltieren in 38 Monaten gab es keinen Zaunkönig (Blümel 1980, Schausten 1980). In England ist der Zaunkönig merklich häufiger unter den Verkehrsopfern zu finden, da hier 50 Nachweise vorliegen Hawthorn u. Mead 1975).

Gelegentlich ertrinken Zaunkönige in Wassertonnen oder anderen Behältern (vier Totfunde bei Hawthorn u. Mead 1975, einer gelang Verfasser). Sehr gefährlich sind auch Fallen, besonders Mausefallen.

Winterverluste. Bei längeren Schlechtwetterperioden mit Schnee und Frost treten die größten Verluste in den Populationen auf. Katastrophale Bestandseinbußen verursachten die Winter 1941/42, 1962/63 (mit einer Dauer von 74 Frosttagen), 1978/79 (Schneewinter in England und Norddeutschland). Trotz erheblicher Winterverluste ist die Art in der Lage, sich innerhalb von 4–6 Jahren wieder vollständig zu

Tabelle 17. Fundumstände von 914 beringten europäischen Zaunkönigen EDV-Auswertung der Europäischen Beringungszentrale EURING, Arnhem, Niederlande (Stand: Oktober 1983)

Todesursache	Anzahl
0. Gemischt (Ring- oder Körperfund usw.)	329
1. Geschossen	12
2. Absichtlich gefangen (Jagd, Fang, Nestfang) usw.	147
3. Zufällig gefangen (Fischernetze, Fallen usw.)	11
4. Durch menschl. Einwirkungen (Verkehr, Glas, Häuser)	181
5. Natürliche Ursachen (Krankheit usw.)	3
6. Durch Tiere erbeutet (Vögel, Katze usw.)	178
7. Natürliche Umstände (Ertrinken, Wetter usw.)	43

Abb. 30. Singender Zaunkönig. Aufn. H. Blesch (GDT)

Abb. 31. Typischer Habitus des Zaunkönigs. Aufn. H. Blesch (GDT)

Abb. 32. Tiefeingeschnittener Bach mit ausgespültem Wurzelwerk, idealer Zaunkönig-Neststandort. Aufn. R. Siebrasse (AFIAP/GDT)

Abb. 33. Zaunkönignest in Fichtenzweig am Boden. Aufn. M. Dallmann

Abb. 34. Zaunkönignest in einer Nisttasche aus Fichtenzweigen. Aufn. M. Dallmann

Abb. 35. Zaunkönignest in einem Holzbeton-Nistkasten. Aufn. M. Dallmann

Abb. 36. Zaunkönignest unter einem LKW-Aufleger. Aufn. M. Dallmann

Abb. 37. Zaunkönignest zwischen Sackbändern in einer Scheune. Aufn. M. Hoffmann

Abb. 38. Freihängendes Zaunkönignest in einem Haselstrauch. Aufn. M. Dallmann

Abb. 39. Zaunkönig-♀ am Nistkastennest. Aufn. H. Blümel

Abb. 40. Zaunkönig-Vollgelege. Aufn. H. Blümel

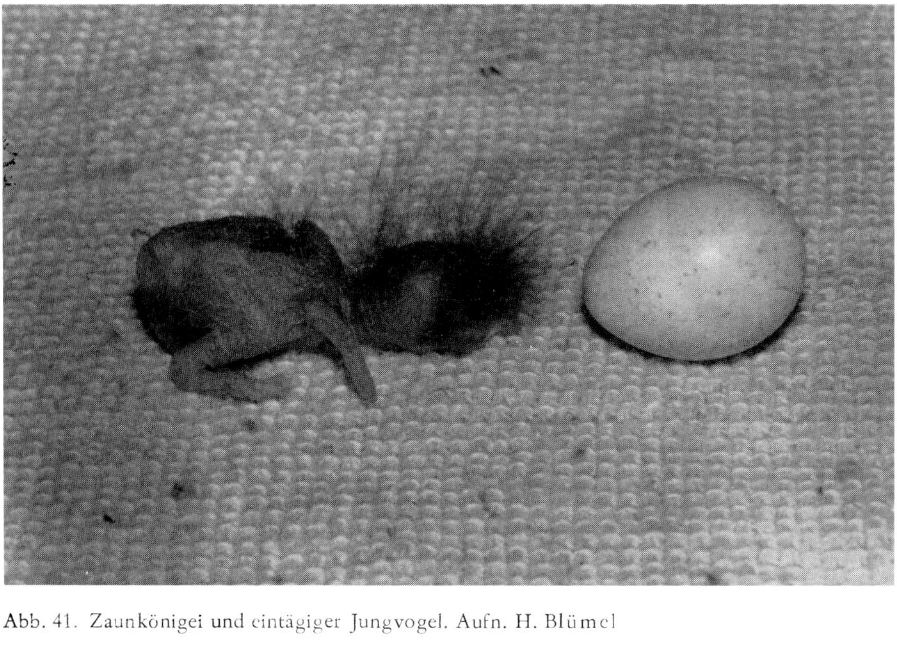

Abb. 41. Zaunkönigei und eintägiger Jungvogel. Aufn. H. Blümel

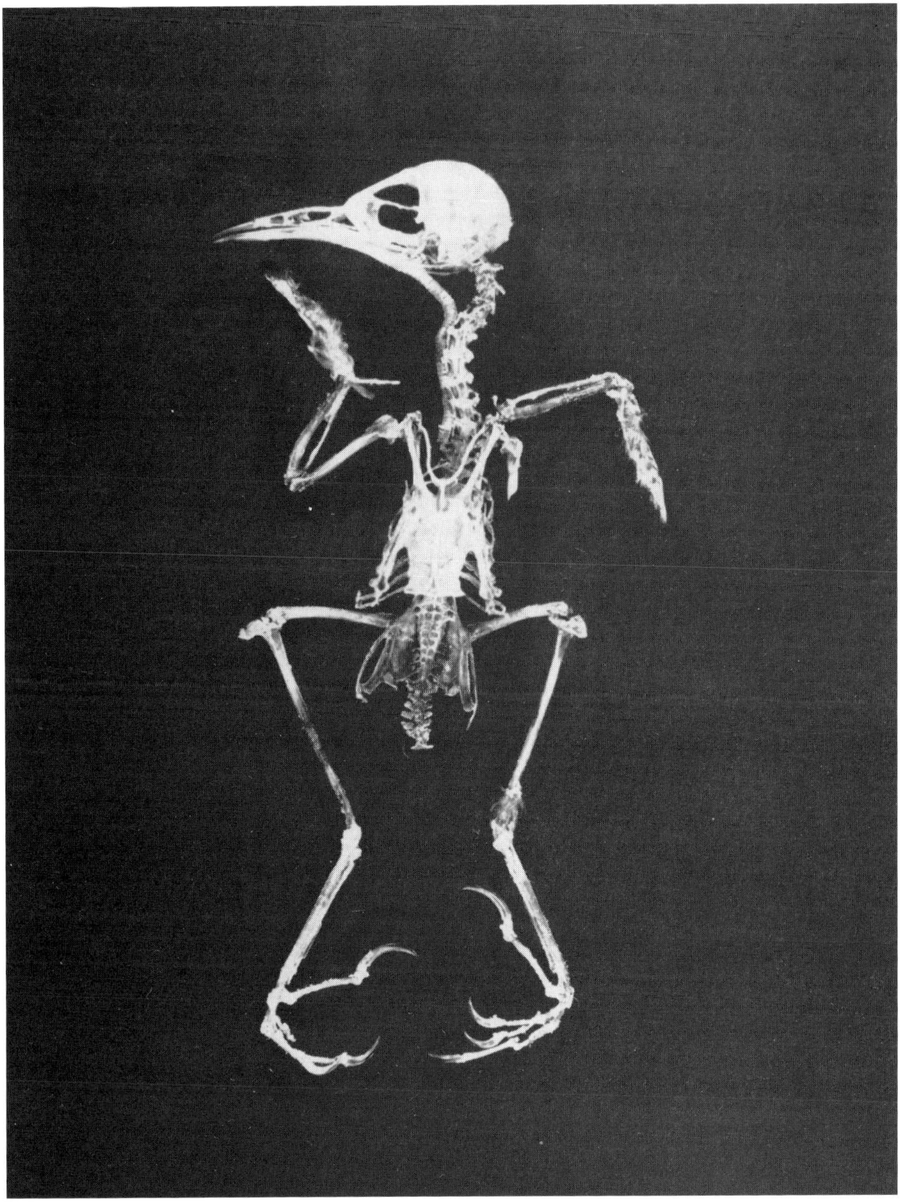

Abb. 42. Skelett eines erwachsenen Zaunkönigs. Deutlich erkennbar sind die im Verhältnis zum Körper langen Füße, der lange und spitze Schnabel sowie die stummeligen Flügel. Aufn. K. H. Siebenrock

Abb. 43. Brütende oder hudernde Weibchen schauen oft aus dem Nest heraus. Aufn. H. Blümel

Abb. 44. Altvogel trägt den Kot der Jungen vom Nest fort. Aufn. R. Siebrasse (AFIAP/GDT)

Abb. 45. Die Jungen stecken den Kopf aus dem Flugloch. Auf dem Foto ist die Eingangsverstärkung deutlich erkennbar. Aufn. R. Siebrasse (AFIAP/GDT)

Abb. 46. Zaunkönig verfüttert Weberknecht. Aufnahme E. Erdmann

Abb. 47. Fütternder Zaunkönig mit Schnaken im Schnabel. Aufn. K. H. Trippmacher

Abb. 48. Zaunkönig mit großer Spinne als Beute. Aufn. S. Bandelin (GDT)

Abb. 49. Singender Zaunkönig auf einer Baumspitze. Aufn. H. Blesch (GDT)

Abb. 50. Zaunkönig am Nest. Aufn. W. u. S. Köhler

Abb. 51 u. 52. Fütternder Zaunkönig mit Schnake (oben) bzw. Insektenlarve (unten) im Schnabel. Aufn. W. u. S. Köhler

Tabelle 18. Zusammenstellung von Veröffentlichungen über von Vögeln erbeutete Zaunkönige

Feind	Anzahl	Zahl der untersuchten Rupfungen	Autor
Sperber	2	1262	Tinbergen in Armstrong 1955
	52	1167	Uttendörfer 1952
Wanderfalk	1	–	Uttendörfer 1952
Merlin	1	–	Uttendörfer 1952
Baumfalke	–	500	Fiuczynski 1979
Turmfalke	88	–	Hawthorn u. Mead 1975
Eulen	1	–	Hawthorn u. Mead 1975
Waldohreule	3	4548	Gawlik u. Banz 1982
	–	–	Hartwig u. a. 1981
Sperlingskauz	11	–	Schönn 1978
	16	–	Uttendörfer 1952
Rauhfußkauz	–	136	Plucinski 1981
Eichelhäher	1	–	Hawthorn u. Mead 1975
Dohle	1	–	Kempf briefl.
Neuntöter	1	–	Harnisch 1966
	1	–	Reichel 1966
Wasserralle	1	–	Axell 1962
Rohrdommel	1	–	Armstrong 1955
	1	–	Schreurs 1941
Papageitaucher	1	–	Armstrong 1955

erholen. In den von mir untersuchten „Idealhabitaten" war bereits nach 2 Jahren die Zahl der revieranzeigenden Männchen wieder auf dem alten Niveau.

Die nachfolgenden Ausführungen zeigen, wie der Bestand nach einem extremen Winter zusammenbrechen kann:

1. Winter (1941/42)
In Dänemark nahm die Art nach dem Winter in Jütland um 8,9 % und in Seeland um 16,3 % ab (Hojgaard in Dybbro 1976c).

2. Winter (1962/63)
Aus der BRD liegen hierzu eine Anzahl kleiner Beiträge vor. So meldeten z. B. Haak u. Puchstein (1965) einen Winterverlust von 87 %, Bruns (1965) eine Abnahme von 45 %, Schücking in Westfalen 58–60 % und Stichmann den völligen Verlust. Badtke, Riedinger u. Koch (1971) trafen an einem Zaunkönigbach am Fuß der Schwäbischen Alb keinen einzigen Vogel mehr an.

Erschreckend hohe Verluste wurden auch aus der DDR bekannt (u. a. Piechocki 1964). Klafs u. Stübs schreiben in ihrer Avifauna von Mecklenburg, daß es 1962 auf dem Friedhof von Rostock 6 BP gab. 1963 war es nur noch 1 BP und 1975 wieder 5 BP. Im NSG Seerahn wurde der gesamte Bestand von 5 BP vernichtet.

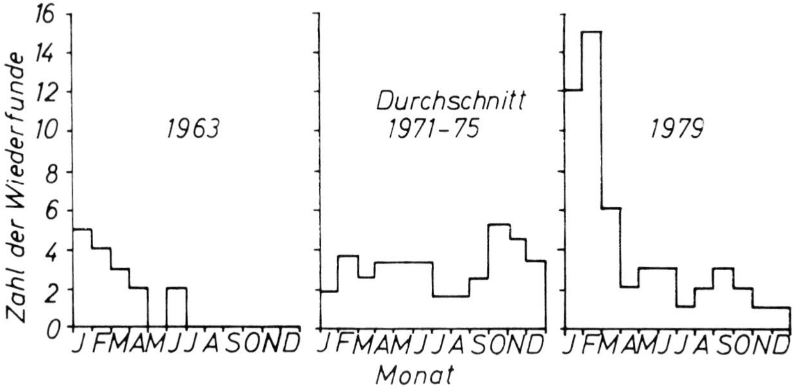

Abb. 53. Vergleich der Winterverluste beim Zaunkönig anhand von Wiederfunden in England. Nach Hawthorn u. Marchant 1980

Haensel u. König (1978) berichten, daß auf einer Fläche von 166 ha in den Thekenbergen (Nordharzvorland) 1961 18 BP (1,1 BP/10 ha) und 1962 13 BP (0,8 BP/10 ha) vorhanden waren. Nach dem strengen Winter 1962/63 lebte hier nur noch 1 BP (0,06 BP/10 ha).

Seit 250 Jahren war dieser Winter in England der kälteste. Dobinson u. Richards (1964) erwähnen 18 Zaunkönigtotfunde. Nach Harle (1966) trat eine Reduzierung um 95 % auf. Bei Untersuchungen im Farmland stellte Williamson (1969) von Januar bis März 1963 eine Abnahme der Männchen um 79 % fest.

Ebenfalls starke Verluste werden aus den Niederlanden (van der Ploeg 1973) gemeldet. In der Schweiz wurden an einem Bach 15 BP des Zaunkönigs festgestellt, 1963 nur noch 5 BP aber 1964 bereits wieder 12 BP (Schifferli 1981).

3. Winter (1978/79)
Von Hawthorne u. Marchant (1980) liegen ausführliche Untersuchungen über die Auswirkungen dieses Winters in England vor. Anhand der monatlichen Ringwiederfunde wurden die Rückmeldungen der Jahre 1963, 1971–1975 und 1979 verglichen. Dabei entfielen auf die kältesten Monate, Januar und Februar des Jahres 1979, die meisten Wiederfunde (Abb. 53).

Für Niedersachsen schätzte Becker (1980/81) Einbußen von 70–90 %. Nach seinen Angaben war der Bestand in der Brutsaison aber wieder wie vorher. Dies läßt auf eine Zuwanderung aus weniger geeigneten Brutgebieten schließen.

15. Zugverhalten, Überwinterung und Beringung

15.1. Zugverhalten

Der Zaunkönig ist in Mitteleuropa vorwiegend Standvogel. Es gibt nur wenige Ringwiederfunde über 500 km; ihr Anteil beträgt knapp 4 %. Wiederfänge zeigen, daß diese Art in der Lage ist, Strecken von 40–50 km/Tag zurückzulegen.

Auf Untersuchungsflächen des Verfassers im Süden der BRD war zu beobachten, daß die Vögel die Flächen im September oder Oktober verlassen. Wiederfänge durch die Nachbarberinger beweisen, daß die Vögel umherstreifen. Die Mehrzahl konzentriert sich an den Gewässern (s. Überwinterung).

Wann die Jungvögel aus den Brutgebieten abziehen, konnte nicht ermittelt werden. Auffallend ist, daß sie längere Zeit beisammen bleiben. Dazu einige Beispiele: Von sechs am 27. 5. (Erstbrut) beringten Jungvögeln wurden zwei Exemplare am 4. 10. in einem 6m-Japannetz in der Nähe des Brutplatzes gefangen (H. Renz mündl.). Sechs Jungvögel, die ich am 31. 7. beringte, waren noch am 21. 8. beisammen.

Mit Ausnahme weniger Exemplare verlassen Zaunkönige im Winter die höheren Lagen der Gebirge und wandern in das Vorland oder in geschützte Talauen (Studer u. Fatio 1907, Bezzel u. Lechner 1978, Tutmann für Jugoslawien und Klemm für Rumänien, beide briefl.). Im Elsaß ziehen die Vögel aus den Hochvogesen in die Täler oder nach Süden (Kempf briefl.).

Skandinavische Zaunkönige ziehen südwärts, z. B. überwintern schwedische Vögel in Mittel- und Südeuropa und im südlichen Schweden (Rendahl u. Verstergren 1959, Bylin u. a. 1978). Auffallend ist ein starker Zuzug der nordischen Vögel in Mecklenburg (Klafs u. Stübs 1959).

An mehreren Beobachtungsplätzen wurde beobachtet, daß vorwiegend Jungvögel wandern (Armstrong 1955, Hawthorn u. Mead 1975, Jenni u. Winkler 1983). Die Vögel ziehen nicht nur am Tage, sondern auch in der Nacht. Hierzu bemerkt Glutz (1962): „Es fällt allerdings auf, daß von 18 zwischen dem 5. September und 19. Oktober auf dem Col de Bretolet gefangenen Zaunkönigen fast alle während oder kurz nach der Morgendämmerung in die Netze flogen und nur zwei Ex. nach 08.00 Uhr gefangen wurden." Ähnliche Beobachtungen gelangen Banzhaf (1936) über der Greifswalder Oie. Beim Herbstzug flogen drei Vögel während der Nacht und beim Frühjahrszug fünf. Gerade die Küste liefert hier sehr gute Beobachtungsergebnisse. Nach guten Zugnächten können plötzlich größere Mengen in unmittelbarem Küstenbereich rasten. Offensichtlich sind sie nachts bzw. in den ersten Morgenstunden hier zur Rast eingefallen (Schlenker mündl., Insel Fehmarn).

Der Herbstzug erfolgt von Mitte September bis Ende November. Es wurde festgestellt, daß extrem harte Winter den Zug nicht verstärken. Beobachtungen auf den nordfriesischen Inseln ergaben bei 175 Ex. im Jahr 1975 ein Maximum von 94 am 9. Oktober (Lemke 1979). Vom Vogelzug auf der Greifswalder Oie (1931–1934) berichtet Banzhaf (1936): „Von Mitte September an in einzelnen Vorläufern. Ab II. Septemberdrittel bis Ende Oktober täglich. Hauptdurchzug im Oktober, einzelne noch Anfang Dezember. Zug in den einzelnen Jahren verschieden stark. Tagesmaximum: 70."

Bei planmäßigen Vogelberingungen im Kreis Merseburg stellten Ryssel u. Schwarz (1981) eine Zunahme ab Ende September fest, wobei Ende November ein Maximum erreicht wurde. In Berlin nahm die Art in den Monaten November und Dezember zu (Witt u. a. 1978).

Die Fangstationen der Vogelwarte Radolfzell (betrieben vom 30. Juni bis 6. November) zeigen bei n = 1130 Erstfängen folgende Median-Werte (Bairlein 1981): Mettnau (Bodensee) 17. 10., Illmitz (Neusiedlersee) 26. 10., Reit (Hamburg) 25. 9.

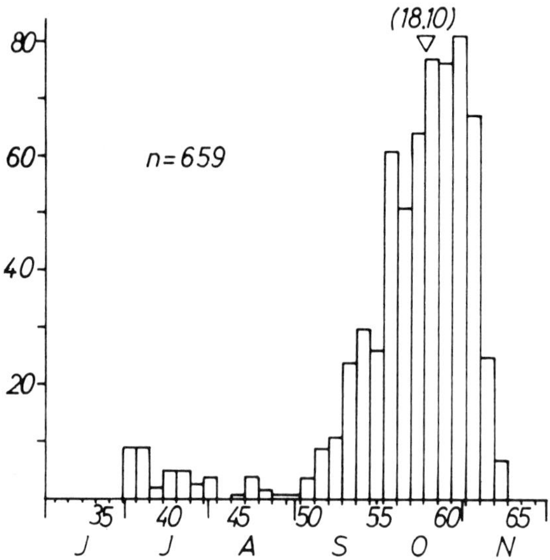

Abb. 54. Herbstzug. Pentadensummen der Zaunkönig-Erstfänge auf der Fangstation Mettnau (Bodensee), 1972–1980 (Ende der Fangsaison Ende November, deshalb Medianwert ungenau). Nach Schuster u. a. 1983

Gegenüber dem Herbstzug ist der Frühjahrszug weniger auffallend. Daher liegen auch nur wenige Daten vor. Banzhaf (1936) berichtet von der Greifswalder Oie: „Ein einzelner vom 11.–14. 3., dann täglich bis 26. 4.; eine zweite Welle vom 10.–19. 5., Höhepunkt der ersten Welle: 6. 4. (100–200), der zweiten: 12.–15. 5. (4–6). Nach Stadie Zughöhepunkte 1932 am 4. 4. (36 Ex.) und am 11. 4. (25 Ex.).“

Die Fangdaten aus Belgien und Dänemark (Abb. 55) zeigen einen geringeren Durchzug an.

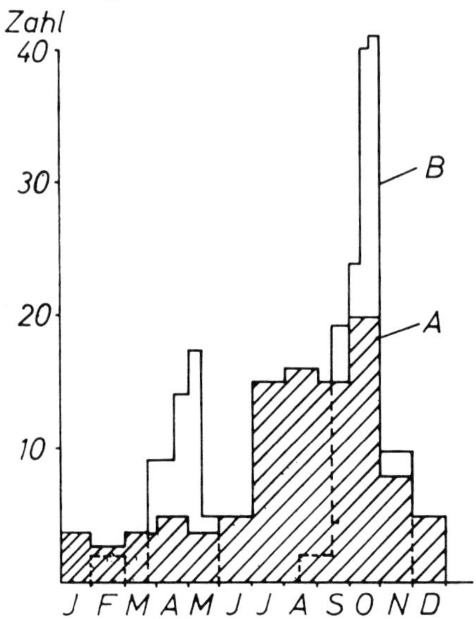

Abb. 55. Monatlicher Zaunkönigzug in Europa. A England (Schraffur), Hawthorn u. Mead 1975, B Dänemark (Weiß u. Strichelung), Dybbro 1976

Auf der Insel Helgoland wurden in den Monaten März bis Mai der Jahre 1953 bis 1963 58 Zaunkönige gefangen (Vauk 1965), auf der polnischen Station Hel in den Jahren 1970 bis 1978 803 Ex. (Zink 1981).

15.2. Überwinterungen

Zaunkönige überwintern in Wäldern mit einer dichten Krautschicht, in Schilfgebieten oder in Ortschaften (häufig sind es Habitate, in denen sie nicht brüten). Größere Zaunkönigkonzentrationen konnte Hawthorn (1971) in einem Schilfgebiet in England feststellen.

Auf meinen Untersuchungsflächen verlassen die Vögel Anfang September das Gebiet und wandern zu den größeren Gewässern. Bei durchschnittlich 30 Revieren/Jahr überwintert nur 1 Ex. in seinem Revier. Dieses überwinternde Männchen suchte sich das größte und beste Revier heraus und verteidigte dieses auch in der folgenden Brutsaison erfolgreich.

Nach Rendahl u. Vestergren (1959) sind in den Wintermonaten im Röhricht der Festlandseen in Schweden ständig Zaunkönige.

Diessner (in Rochlitzer u. Kühnel 1979) zählte max. 41 Vögel in den Schilfbeständen des Cösitzer Teiches, Kreis Köthen, DDR. Wintervogelzählungen im Schilf des Boden- und Neusiedlersees ergaben hohe Dichten für den Zaunkönig.

An Flußstrecken wurden ebenfalls starke Zaunköniganammlungen festgestellt, z. B. in der Schweiz 1973/74 an einer 62 km langen Uferstrecke verschiedener Flüsse um Bern 45 Ex. und am Doubs auf 19 km 17 Ex. (Schifferli 1981). Meine Kontrollen am Neckar ergaben seit 1974 auf 2 km Strecke durchschnittlich 8 Ex. Am 11. 12. 1966 notierte Gnielka (in Tauchnitz 1981) in der Saale-Elster-Aue, Kreis Halle mindestens 50 Zaunkönige.

Auffallend ist, daß Zaunkönige im Winter in die Ortschaften dringen. Sie überwintern in Ställen, Scheunen, Gewächshäusern, Botanischen Gärten und schlafen bei extremer Witterung in Gemeinschaft (s. Schlaf).

Nach meinen Erkenntnissen handelt es sich bei den überwinternden Vögeln in der Regel um Männchen. Sie sind leicht kenntlich an ihrem Verhalten, da sie sehr

Tabelle 19. Wintervogelzählungen beim Zaunkönig bezogen auf Biotope am Bodensee (1120 qkm) Landfläche). Rasterkartierung mit 315 Rasterquadraten zu je 4 qkm, Hochrechnung der einzelnen auf die Gesamtfläche

Habitat	Habitatzahl	Zaunkönige		Frequenz	Abundanz
	n	gezählt	hochgerechnet	(%)	(Ex./10 ha)
Ried u. Schilf	42	76	700	62	1,8
Außenstädte/Dörfer	80	46	1100	19	0,6
Wald	94	43	1000	29	0,5
Streuobst	30	12	300	20	0,4
Äcker/Wiesen	117	19	800	10	0,2

laut warnen und ab und zu leise singen. Bestätigt wird dies durch die eigenen Herbstfänge, bei denen es sich überwiegend (90 %) um Männchen handelt. Unbekannt ist, wohin die Weibchen ziehen. Von den 184 farbig markierten Weibchen meiner Probeflächen konnte ich keines im Winter beobachten. Eigenartigerweise tauchten sie auch in der folgenden Brutsaison nicht mehr auf.

Nach meinen Beobachtungen verteidigen die Männchen im Winter keine Reviere, sie sind recht verträglich. Armstrong (1955) und Huber (1953) sind im Unterschied dazu der Meinung, daß eine Revierverteidigung stattfindet.

15.3. Beringung

In Europa liegt die Wiederfundquote für den Zaunkönig zwischen 0,18 % und 0,56 %. Vorwiegend werden Fänglinge beringt: Eine Auswertung von 914 Wiederfunden (EURING, Stand 10. 1983) ergab, daß 99 als Nestlinge (= 12 %) und 815 als Fänglinge (= 88 %) beringt wurden. Durch die Einführung der Japannetze (ab 1955) stieg die Zahl der beringten Zaunkönige stark an.

Ab 1974 stieg auch die Zahl der beringten Nestlinge an (Vogelwarte Radolfzell), was auf die seinerzeit begonnenen gezielten Populationsuntersuchungen für einzelne Arten zurückzuführen ist. Der Verfasser konnte von 1974–1983 im Rahmen dieses Programms 2191 Nestlinge markieren, dies entspricht einem Jahresdurchschnitt von 219 Vögeln.

Die beringten Vögel erbrachten keinen Fernfund, nur 5 Wiederfunde im Umkreis von 50 km und fünf Kontrollfänge. Dies ist nicht verwunderlich, da nur wenige Zaunkönige in Europa längere Strecken ziehen. Die EDV-Auswertungen durch EURING (Stand 1983) zeigen, daß nur 12,9 % der wiedergefundenen Ex. mehr als

Tabelle 20. Zugentfernungen von 914 Zaunkönig-Wiederfunden aus Europa. Die Gesamtsumme ist aufgeteilt in Teilsummen pro Zugentfernungen, der Anteil der Nestlinge ist extra aufgeführt. EDV-Auswertung der Europäischen Beringungszentrale EURING, Arnhem, Niederlande (Stand: Oktober 1983)

	Entfernung (in km)						
Land	0–50	51–100	101–200	201–300	301–400	401–500	500
BRD (n = 135)	95	6	4	1	6	3	19
Dänemark (n = 72)	59	1	5	1	1	–	5
Frankreich (n = 83)	73	4	1	1	–	2	2
England (n = 514)	461	17	24	9	–	–	3
Schweiz (n = 2)	–	–	–	1	1	–	–
Niederlande (n = 120)	108	3	2	1	–	1	5
Absolute Summe	796	25	36	14	8	6	34
(in % von 914 Wiederfunden)	87,1	2,7	3,9	1,5	0,9	0,7	3,7
davon als Nestlinge beringt	81	2	2	3	1	2	8

50 km wanderten. Wahrscheinlich handelt es sich hier um Jungvögel, da Jenni (briefl.) beim Herbstdurchzug auf der Station Col de Bretolet in der Schweiz 90 % Jungvögel feststellte.

Die aus der nachfolgenden Tabelle ersichtlichen Wiederfunde geben hier kein eindeutiges Ergebnis, da die Zahl der beringten Nestlinge zu gering ist.

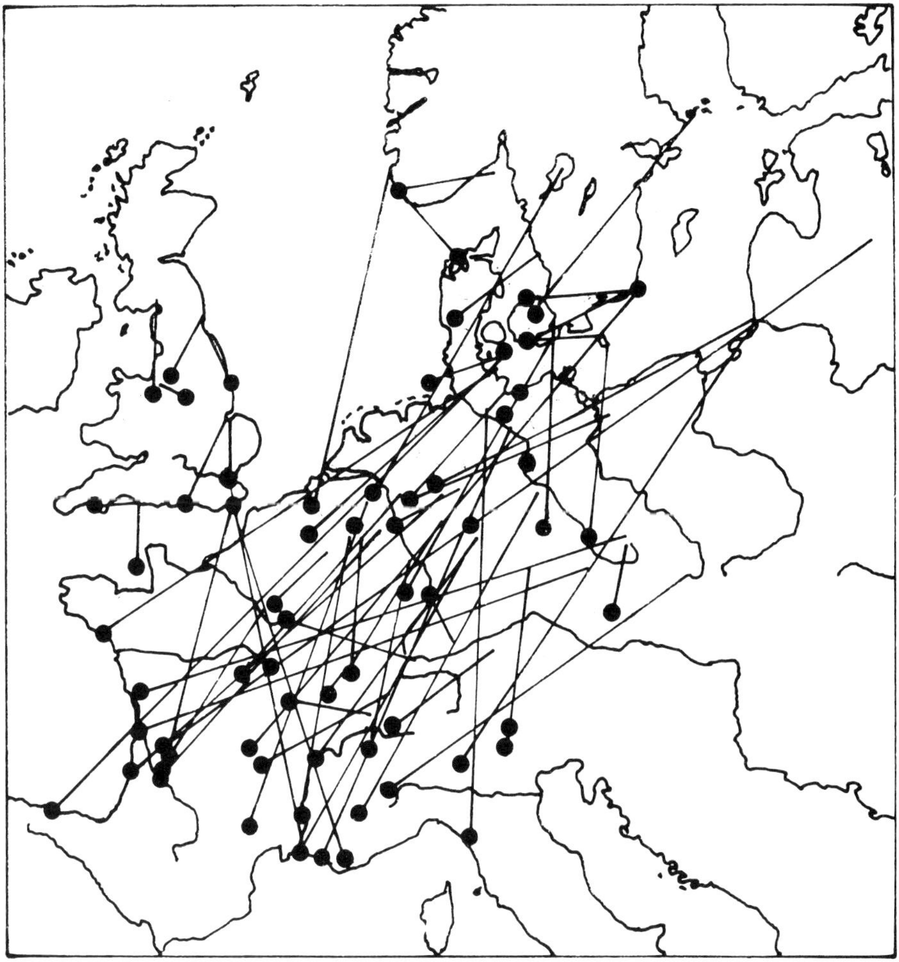

Abb. 56. Zaunkönig-Herbstfänglinge, wiedergefunden bis zum Beginn der auf die Beringung folgenden Brutzeit. Nach Zink 1981

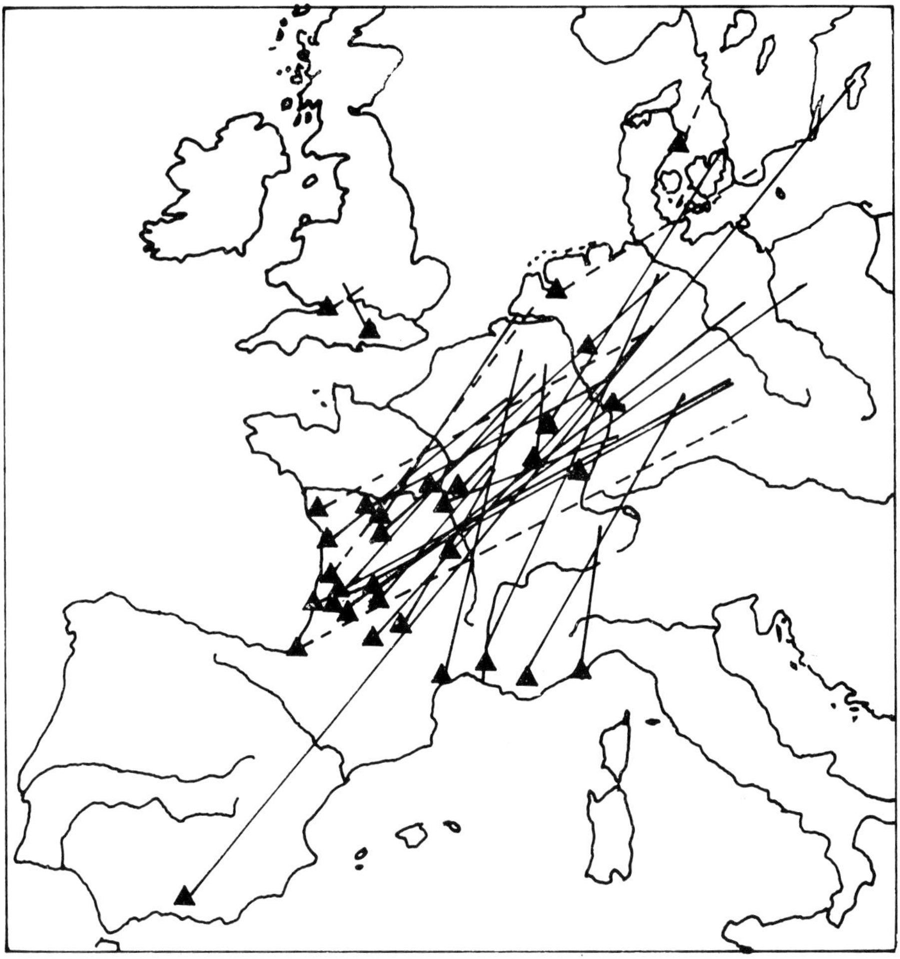

Abb. 57. Wiederfunde von Zaunkönig-Nestlingen. Nach Zink 1981

Tabelle 21. Auswahl von Beringungszahlen und Zahl von Wiederfunden aus einigen europäischen Ländern

Land/Vogelwarte	Zeitraum	beringte Zaunkönige	Wiederfunde	Wiederfund-quote (in %)
England (Zink 1981)	bis 1978	136858	769	0,56
Schweden (Risberg briefl.)	1960–71	6066	18	0,29
	1975–78	4227	7	0,17
Dänemark (Preuss 1978)	1928–77	7833	34	0,43
BRD				
Helgoland	1909–76	34157	64	0,18
Radolfzell	bis 1977	16475	30	0,18

16. Haltung in der Gefangenschaft

Die Haltung von einheimischen Vögeln sollte der Vergangenheit angehören. Doch scheint mir ein Hinweis auf die Haltung trotzdem wichtig, da häufig verletzte oder ausgehungerte Zaunkönige in Menschenhand gelangen. Fachleute sind der Ansicht, daß die Gefangenschaftshaltung des Zaunkönigs nur erfahrenen Vogelzüchtern vorbehalten sein sollte (Dost 1969). Sträubt der Vogel in den ersten Tagen der Gefangenschaft das Gefieder seines Rückens, so sollte man das Tier freilassen. Bleibt der Vogel dagegen in den ersten Tagen schlank und scheu, so gewöhnt er sich ein und wird bald zutraulicher.

Als Käfig dient ein 70–80 cm langer Weichfresserkäfig, mit einem Gitterabstand von 1 cm, der einige Schlupfwinkel besitzen muß. Frischfänge sollten in kleinen Käfigen von höchstens 30 cm Länge untergebracht werden. Auch hier ist ein Versteck notwendig, was durch Fichtenreisig erreicht werden kann.

Als Eingewöhnungsfutter reicht man am ersten und zweiten Tag 70 bis 80 mittelgroße Mehlkäferlarven, am dritten die gleiche Zahl zerschnitten. Am vierten Tag vermischt man unter die zerschnittenen Larven gute getrocknete Ameisenpuppen. Der Vogel sollte ein Weichfutter bekommen, das sehr wenig pflanzliche Stoffe enthält, z. B. Mehlwürmer, getrocknete Ameisenpuppen, hartgekochtes Ei, zerkleinerte Milchhaut, trockner Quark (die Anfeuchtung erfolgt mittels Möhrensaft). Frische Kleintiere werden besonders gern angenommen, z. B. Spinnen, kleine Raupen, Kellerasseln, Fliegen und Blattläuse. Wichtig ist, daß der Futternapf ständig gefüllt ist.

Zum Trinken und Baden muß dem Pflegling täglich frisches Wasser gereicht werden. Für Sandbaden sollte genügend Sand vorhanden sein.

Von der gemeinsamen Haltung mehrerer Artgenossen in einem Käfig ist abzuraten, da die Tiere mit der Zeit recht zänkisch und unverträglich werden. Dagegen ist eine Haltung mit anderen Kleinvögeln unproblematisch (Dost 1969).

17. Schlußbemerkung

Ich hoffe, daß es mir gelungen ist, das Leben des Zaunkönigs verständlich darzustellen. Aufgezeigt wurden auch offene Fragen. Der Zaunkönig ist lokal variabel und läßt sich daher auch nicht pauschal in einen festen Rahmen pressen.

Bei der Vorbereitung dieser Arbeit wurde ich dankenswerter Weise von vielen Ornithologen aus ganz Europa unterstützt. Mein besonderer Dank gilt den Herren Dr. H. Löhrl und R. Schlenker von der Vogelwarte Radolfzell für die Durchsicht des Manuskriptes und Herrn Dr. J. Haensel, Tierpark Berlin-Friedrichsfelde, für sein Gutachten.

Für die Beschaffung von Literatur bedanke ich mich bei S. Bartowiak (Polen), H. Blümel (Mücka), H. Bub (Wilhelmshaven), J. Flousek (ČSSR), I. Hawthorn (England), M. Hoffmann (Luxemburg), R. Möckel (Altdöbern), J. Neumann (Neubrandenburg, F. Priemetzhofer (Österreich), R. Schlenker und K. H. Siebenrock (beide Radolfzell), T. Wesolowski (Polen) und M. Wilson (England). Bedanken möchte ich mich auch bei all jenen, die ich nicht besonders erwähnt habe.

Folgende Herren stellten mir dankenswerterweise ihre Aufnahmen zur Verfügung: S. Bandelin, H. Blesch, H. Blümel, E. Erdmann, W. Fiebig, M. Hoffmann, A. Labhardt, W. u. S. Köhler, H. J. Markmann, D. Nill, K. H. Siebenrock, R. Siebrasse und F. Siedel.

18. Literaturverzeichnis

Ammermann, D. (1975): Beginn und Ende der Tagesaktivität von *Troglodytes troglodytes*, beobachtet an einem Gemeinschaftsschlafplatz. - Anz. orn. Ges. Bayern 14: 296–299; Armstrong, E. A. (1944): Some notes on the song of the wren. - Brit. Birds 38: 70–72; dgl. (1950 a): The behaviour and breeding biology of the Iceland wren. - Ibis 92: 384–401; dgl. (1950 c): Wrens of the far north. - Field 196: 931–932; dgl. (1952): The behaviour and breeding biology of the Shetland wren. - Ibis 94: 220–242; dgl. (1953 a): The behaviour and breeding biology of the Hebridean wren. - Brit. Birds 46: 37–50; dgl. (1953 b): The history, behaviour and breeding biology of the St. Kilda wren. - Auk 70: 127–150; dgl. (1955): The Wren. London; Ashby, K. R. (1932): Young cuckoo fed by Wren and hedge-sparrow. - Brit. Birds 26: 136; Axell, H. E. (1962): Water Rail killing Wren. - ebd. 55: 132–133

Badtke, W., H. M. Koch, u. H. J. Riedinger (1971): Die Vögel des Raumes Reutlingen. Reutlingen, S. 107; Bagenal, T. B. (1958): The Feeding of nestlings St. Kilda wrens. - Bird Study 5: 83–87; Bairlein, F. (1981): Ökosystemanalyse der Rastplätze von Zugvögeln. - Ökol. Vögel 3: 7–137; Baldwin, S. P., u. S. C. Kendeigh (1927): Attentivents and Inattentiveness in the nesting behaviour of the House Wren. - Auk 44: 206–216; Bannermann, D. A., u. W. M. Bannermann (1958): Birds of Cyprus. Edinburgh; Banzhaf, W. (1936): Der Herbstvogelzug über der Greifswalder Oie in den Jahren 1931–34, nach Alter und Geschlecht. - Dothniana 15: 87; ebd. 17: 48; Becker, P. (1980/81): Auswirkungen des strengen Winters 1978/79 auf die Vogelwelt in und um Hildesheim. - Mitt. Orn. Ver. Hildesheim 4/5: 215–218; Benecke, H. G. (1982): Zur Bedeutung verschiedener Wirtsvogelarten für die Reproduktion des Kuckucks in der DDR - Falke 29: 153–155; Berndt, R., u. W. Meise (1962): Naturgeschichte der Vögel. Stuttgart, S. 524; Bezzel, E., u. F. Lechner (1978): Die Vogelwelt des Werdenfelser Landes. Greven, S. 152; Blümel, H., u. R. Blümel (1980): Wirbeltiere als Opfer des Straßenverkehrs. - Abh. Ber. Naturkundemus. Görlitz 54 (8): 19–24; Bögershausen, M. (1978): Der Zaunkönig in Südniedersachsen. - Mitt. Orn. Ver. Hildesheim 2: 89–93; Bongiorno, S. F. (1982): Land use and summer bird population in northwestern Galicia, Spain. - Ibis 124: 1–20; Brandl, R., u. E. Walberger (1982): Zur ornithologischen Bedeutung von Brachflächen. - Anz. orn. Ges. Bayern 21: 21–41; Bruns, H. (1957) Untersuchungen zur Siedlungsdichte der Vögel in Fichtenwäldern. - Orn. Mitt. 9: 241–253; dgl. (1965): Auswirkungen des strengen Winters 1962–63 auf die Vogelwelt Mitteleuropas. - ebd. 17(4) 73–78; Bub, H. (1983): Seidenschwanz, Wasseramsel, Zaunkönig u. a. - N. Brehm-Büch. 550, S. 31–42; Bylin, K., L. Carlsson, J. A. Holmbring, E. L. Risberg, u. U. Unger (1978): Sveriges faglar. Stockholm, S. 159 u. 222

Casasnovas, J. M. (1957): Las Aves de Menorca. Luliana, S. 123; Cawthorne, R. A., u. J. H. Marchant (1980): The effects of the 1978/79 winter on British Birds populations. - Bird Study 27: 163–172; Collingwood, I. (1980): Communal roosting by Wren. - Brit. Birds 73: 105; Corti, U. A. (1959): Die Brutvögel der dt. und österr. Alpenzone. Chur, S. 289–293; Cox, A. H. M. (1922): Some breedings habitats of the common wren. - Brit. Birds 15: 293–294; Creutz, G. (1956): Vögel am Gebirgsbach. Wittenberg Lutherstadt; dgl. (1974): Nachtfalter als Singvogelnahrung. - Falke 21 (5): 164; Christensen, J. H. (1979): Gaerdesmutte som gøgevaert. - Danske Fugle 31: 87

Dallmann, M. (1977): Beobachtungen zur Brutbiologie des Zaunkönigs. - Anz. orn. Ges. Bayern 16: 153–170; de Balsac, u. H. Mayaud (1962): Les oiseaux du Nde l'Afriqhue. Paris, S. 406–407; Dement'ev, G. P., u. N. A. Gladkov (1954): Die Vögel der Sowjetunion. Moskau, S. 661–670 Dobinson, H. M., u. A. J. Richards (1964): The effect of the severe Winter of 1962/63 on Birds in Britain. - Brit. Birds 10: 392; Dobrindt, E. (1950): Zur Brutbiologie des Zaunkönigs. - Vogelwelt 71: 128–129; Dobson, R. (1952): The Birds of the Channel Islands. London; Dost, H

(1969): Einheimische Stubenvögel. Stuttgart, S. 205–209; Dresser, H. E. (1886): On the Wren of St. Kilda. - Ibis 3: 43–45; Dürnberg, H. H. (1978): Der Sommervogelbestand einer Stadtrandlandschaft bei Elmshorn. - Corax 6: 22–25; Dupont, R. (1975): Ungewöhnlicher Nestgenosse. - Regulus 55: 304–305; Dybbro, T. (1976a): Obersigt over Danmarks fugle. Kopenhagen, S. 117; dgl. (1976b): Nordjyllandsfugle-deres Ybglenbredelse og traekforhold. ebd., S. 275–276; dgl. (1976c): De danske ynglefugles udbredelse. ebd., S. 215.

Edwards, S. B. (1981): Wren dust-bathing. - Brit. Birds 81: 416

Fehringer, O. (1922): Vögel Mitteleuropas. Heidelberg, S. 44–45; Fischer, J. C. H. (1861): Der faröische Zaunkönig. - J. Orn. 9: 14–16; Fiuczynski, D. (1979): Populationsstudien an Berliner Baumfalken. - Orn. Mitt. 31: 20–22; Flössner, D. (1972): Notizen aus dem Rila- und Piringebirge. - Falke 12: 402–407; Forrest, H. E. (1924): Winter breeding of the wren. - Brit. Birds 7: 275–276; Frevert, T. (1963): Mammutbaum als Brut- und Schlafplatz für Vögel. - Orn. Mitt. 15: 184; Friis, E. (1940): 4 Gaerdesmutter overnatter i sme rede. - Danske Fugle 34: 202–203; Frömel, R. (1979): Die Verbreitung im Schilf überwinternder Arthropoden im westlichen Bodenseegebiet und ihre Bedeutung für Vögel. Dipl. Arb. Univ. Stuttgart

Gärtner, K. (1981a): Die Wechselbeziehung zwischen Kuckuck und den Sumpfrohrsängern als Beispiel einer Brutparasit-Wirt-Beziehung. Diss.-Schrift Univ. Hamburg; dgl. (1981b): Das Wegnehmen von Wirtsvogeleiern durch den Kuckuck. - Orn. Mitt. 33: 115–131; dgl. (1982): Zur Ablehnung von Eiern und Jungen des Kuckucks durch die Wirtsvögel – Beobachtungen und experimentelle Untersuchungen am Sumpfrohrsänger. - Vogelw. 103: 203; Garling, M. (1932): Augustbruten .- Beitr. Fortpfl. biol. Vögel 8: 28; Garson, P. J. (1980a): Male behaviour and female choice: mate selection in the Wren?. - Animal behav. 28: 491–502; dgl. (1980b): The breeding ecology of the Wren in Britain. - Bird Study 27: 63–71; dgl., u. M. L. Hunter (1979): Effects of Temperature and time of year on singing behaviour of Wrens and Great Tits. - Ibis 121: 481–487; Gatter, W. (1970): Die Vogelwelt des Kreises Nürtingen und Esslingen. - Jh. Ges. Naturk. Württemberg 125: 158–264; Gawlik, H. M., u. K. Banz (1982): Zur Nahrungsökologie der Waldohreule innerhalb des Berliner Stadtgebietes. - Vogelk. Beitr. Jena 28: 275–288; Gerber, R. (1954): Vögel als Vertilger von Pflanzenläusen. - Orn. Mitt. 6: 138; dgl. (1961): Blatt-, Blut- und Schildläuse als Nahrungstiere von Vögeln. - Beitr. Vogelk. 8: 341–348; Glutz von Blotzheim, U. N. (1962): Die Brutvögel der Schweiz. Aarau; Gnielka, R. (1969): Zur Phänologie des Herbstgesanges und der Herbstbalz. - Orn. Mitt. 21: 183; Görner, M. (1978): In Felsen, Steinbrüchen und Lockergesteinswänden Thüringens brütende Vögel. - Orn. Iber. Mus. Halberstadt 3: 43–62; Goertz, A. (1960): Zur Fütterungshäufigkeit des Zaunkönigs. - Orn. Mitt. 12: 222; Grobe, L. (1976): Die Vogelwelt des Gutshofes und Gutswaldes Winterbüren. - Vogelk. Mitt. Kassel 1: 41–43; Grzimek, B. (1976): Grzimeks Tierleben. München, S. 213–217; Groebbels, F. (1956): Untersuchungen über den morgendlichen Beginn und abendliche Beendigung der Stimmäußerungen von Vogelarten. - Orn. Mitt. 8 (4): 64

Haak, W., u. K. Puchstein (1965): Auswirkungen des Kältewinters 1962/63 auf den Brutvogelbestand. - Orn. Mitt. 17: 38; Haartman, L. von (1969): The Nesting Habitats of Finnish Birds. - Comm. Biol. 32: 63–69; Haas, W. (1964): Verluste von Vögeln und Säugern auf Autostraßen. - Orn. Mitt. 16: 245; Haensel, J., u. H. König (1978): Die Vögel des Nordharzes und seines Vorlandes. Diss.-Schrift Univ. Jena; Hansen, W., u. H. Oelke (1973): Bestimmungsbuch für Rupfungen und Mauserfedern. - Naturk. Beitr. Nieders. 26: 45–46; Harle, D. F. (1966): The Wren – An Assessment. - Sandwich Bay Bird Observ. Report 1966: 22–25; Hartert, E. (1910): Die Vögel der paläarktischen Fauna. Berlin, S. 776; Hartwig, E. O. Hüppopp, u. K. Schrey (1981): Zur Nahrung und Vorkommen der Waldohreule im Schneewinter 1978/79 im Hamburger Raum. - Hamb. avifaun. Beitr. 18: 121–148; Hawthorn, I (1973): Moult and Dispersal of juvenile Wrens. -

Birds Study 21: 88–91; dgl. (1975): Wrens wintering in Reed-Bed. - ebd. 22: 19–23; dgl., u. C. J. Mead (1975): Wren Movement and survial. - ebd. 22: 349–358; dgl., R. Crockford, R. G. Smith, u. I. Weston (1976): The Wrens on the Uists, Outer Hebrides. - ebd. 23: 301–303; Haynes, V. M. (1980): Communal roosting by Wren. - Brit. Birds 73: 104–105; Heinroth, O. (1926–1931): Die Vögel Mitteleuropas. Leipzig; Hellebrekers, W. P. H. J. (1949): Ool. Res. 23: 52–54; dgl. (1951): ebd. 25: 14–16; Heitkamp, K., u. K. Hinsch (1979): Die Siedlungsdichte der Brutvögel in der offenen Gebüschlandschaft. - Faun. Mitt. Südnieders. 2: 78–89; Heuwinkel, H. (1982): Schalldruckpegel und Frequenzspektren. - Ökol. Vögel 4: 136–139; Hoehl, O. (1938/39): Brutbiologische Beobachtungen am Zaunkönig 1936 und 1937. - Jber. Untermain 1938; Hoertler, F. (1934): Einige Beobachtungen über den Zaunkönig. - Beitr. Fortpfl. Vögel 10: 226; Hoffmann, M. (1972): Zaunkönigbruten in künstlichen Nistgeräten. - Regulus 52 (10): 422; dgl. (1973): Vogelbruten in Spezialnistkästen und auf Nistbrettern. - ebd. 58 (11): 76–82; dgl. (1976): Interessantes aus der Brutbiologie des Zaunkönigs. - ebd. 56 (12): 25; dgl. (1981): Zaunkönigbruten in künstlichen Nistgeräten. - ebd. 61 (14): 96–97; Hohl, J. (1981): Zaunkönig im Staubbad. - Vögel Heimat 52: 17; Holinek, J. (1978): Haufenweises Übernachten des Zaunkönigs im Nistkasten. - Zpavy MOS 20: 136–137; Howard, R., u. A. Moore (1980): A complete checklist of the Birds of the World. Oxford; Huber, J. (1953): Wie groß ist das Winterrevier des Zaunkönigs?. – Vogelwelt 74: 62; Hudde, H. (1959): Beobachtungen über die Verlustquote bei Vogelbruten. - Orn. Mitt. 11: 149–152; Hunter, F., u. D. Tulloch (1979): A Guide to Shetland Birds. Lerwick

Jäckel, A. J. (1891): Systematische Übersicht der Vögel Bayerns. München u. Leipzig; Jenni, L., u. R. Winkler (1983): Altersbestimmung und Umfang der Jugendmauser in Abhängigkeit von der Jahreszeit beim Zaunkönig. - Orn. Beob. Bern 80: 203–207

Kasparek, M. (1981): Die Mauser der Singvögel Europas – ein Feldführer. Hrsg. Dachverband deutscher Avifaunisten, S. 22–23; Keve, A. (1969): Das Vogelleben der Mittleren Donau. Budapest S. 58; Kinzelbach, R., u. J. Martens (1965): Zur Kenntnis der Vögel von Karpathos (Südl. Ägäis). - Bonn. zool. Beitr. 1/2: 50–91; Klafs, G., u. J. Stübs (1977): Die Vogelwelt Mecklenburgs. Jena, S. 228; Kluijver, H. N. u. a. (1940): De levensijze van den winterkoning. - Limosa 13: 1–51; Köhler, D. (1973): Beobachtungen aus dem Naturschutzgebiet Teberda (Kaukasus). - Falke 20: 186–192; Kuke, K. (1977): Zaunkönig beteiligt sich an der Fütterung junger Blaumeisen im Nistkasten. - Vogelk. Ber. Nieders. 9: 88; Kummer, H. (1964): Rauchschwalbennest als Nistunterlage des Zaunkönigs. - Orn. Mitt. 16: 146; Kummerloewe, H. (1937): Nestermaße einheimischer Vögel. - Mitt. Vogelwelt 3: 36–37; dgl. (1958): Zur Vertilgung des Eichenwicklers. - Orn. Mitt. 12: 235

Lautenbach, W. (1963): Rauchschwalbennest als Nistunterlage des Zaunkönigs. - Orn. Mitt. 17: 16; Lemke, W. (1975a): Zur Vogelwelt der Medemsand-Insel. - Vogelk. Ber. Nieders. 7: 13–18; dgl. (1975b): Die Brutvögel Neuwerks einst und jetzt. - Hamb. avifaun. Beitr. 13: 145–186; dgl. (1979): Neuwerk 1976– Brutvogel- und Beobachtungsbericht. - ebd. 16: 119–130; Lippens, L., u. Wille (1972): Atlas des Oiseaux de Belgique et d'Europe occidentale. Lannoo/Tielt, S. 594–595; Löhrl, H. (1956): Wie verbringen kleine Vögel die Winternächte? – Kosmos 5: 211–212; dgl. (1963): Zur Höhenverbreitung einiger Vögel in den Alpen. - J. Orn. 104: 62–68; dgl. (1965): Zaunkönig brütet in verkürzten Holzbeton-Nisthöhlen. - Vogelwelt 86: 184–185; dgl. (1973): Nisthöhlen, Kunstnester und ihre Bewohner. Stuttgart, S. 57–58

Makatsch, W. (1935): Brutnachbarschaft zwischen Zaunkönig und Heckenbraunelle. - Beitr. Fortpfl. Vögel 11: 73; dgl. (1950): Die Vogelwelt Macedoniens. Leipzig, S. 206–207; dgl. (1971): Einige Bemerkungen über die parasitären Kuckucke. - Zool. Mus. Tierk. Dresden 30: 247–282; dgl. (1976): Die Eier der Vögel Europas. Leipzig u. Radebeul, S. 187–189; dgl. (1981): Verzeichnis der Vögel der DDR. ebd., S. 109–110; Marler, P. (1956): Über die Eigenschaften einiger tierlicher

Rufe. - J. Orn. 7: 220–227; Marples, G. (1940): Observations on breeding and song of Wren. - Brit. Birds 33: 294–303; Moebert, F. (1954): Beiträge zur Fortpflanzungsbiologie des Kuckucks und seine Beziehungen zu den Brutvögeln der näheren und weiteren Umgebung von Hamburg. - Mitt. FAG Schleswig-Holstein 7: 17–30; Mohr, R. (1953): Weidenlaubsänger und Zaunkönig in einem Nest. - Orn. Mitt. 5: 228; Münster, W. (1966): Der Neuntöder. - N. Brehm-Büch. 218, S. 59

Naumann, F. (1897–1905): Die Naturgeschichte der Vögel Mitteleuropas. Leipzig; Niethammer, G. (1937): Handbuch der deutschen Vogelkunde. Bd. 1. Leipzig, S. 435–438; dgl., G. H. Kramer, u. H. E. Wolters (1964): Die Vögel Deutschlands. Frankfurt/Main, S. 76; Novrup, L. (1940): Gaerdesmutte i. Svalvender. - Danske Fugle 34: 203–204

Ortner, P. (1978): Tierwelt der Südalpen. Bozen

Panzer, W., u. H. Rauhe (1978): Die Vogelwelt an Elb- und Wesermündung mit ihren vorgelagerten Watten, Sänden und Inseln. Bremerhaven; Peitzmeier, J. (1979): Avifauna von Westfalen. Münster, S. 348–349; Pfeifer, S. (1973): Taschenbuch für Vogelschutz. Stuttgart; dgl., u. W. Keil (1961): Die qualitative und quantitative Zusammenstellung einiger Populationen höhlen- und freibrütender Vogelarten in einem Versuchsgebiet für Vogelschutz bei Frankfurt/Main von 1949–1960. - Orn. Mitt. 13: 7–11; Picman, J. (1983): Agression by red-winged blackbirds towards marsh wrens. - Canad. J. Zool. 61: 1896–1899; Ploeg, van der D. T. E., u. a. (1979): Vogels in Friesland. Bd. 3. Leeuwarden, S. 1095–1100; Plucinski, A. (1981): Zur Ernährungsbiologie des Rauhfußkauzes im Westharz während der Brutzeit. - Orn. Mitt. 33: 143–147; Piechocki, R. Über die Vogelverluste im strengen Winter 1962/63 und ihre Auswirkungen auf den Brutbestand 1963. - Falke 11: 10–15, 50–58; Preuss, N. O. (1978): Danske Gaerdesmuttertal. - Feltorn. 4: 201–202

Reckin, J. (1966): Zaunkönig frißt Bachflohkrebse. - Falke 13: 245; Reichel, D. (1966): Zaunkönig als Beute des Neuntöters. - ebd. 13: 31; Rendahl, H., u. G. Vestergren (1959): Fernfunde schwedischer Zaunkönige. - Vogelwarte 20: 162–163; Rey, E. (1905): Die Eier der Vögel Mitteleuropas. Gera, S. 219–220; Ringleben, H. (1970): Zur Brutbiologie, insbesondere zum Nestbau der Rauchschwalbe. - Falke 17: 340–343; Ryssel, A., u. U. Schwarz (1981): Die Vogelwelt im Kreis Merseburg. - Merseb. Land, Sonderh. 18 u. 19

Sacher, G. (1980): Neststandorte und Bruterfolge beim Zaunkönig. - Thür. Orn. Mitt. 26: 13–15: Salomonsen, F: (1933) *Troglodytes*-Studien. - J. Orn. 81: 100–107; Schausten, H. (1980): Liste der Verkehrsopfer 1980, auf einer regelmäßig kontrollierten Strecke zwischen Cochem-Sehl und Zell. - Orn. Natursch. Westerwald 2: 187–190; Scheer, G. (1964): Der Frühgesang der Vögel. - Orn. Mitt. 16: 162; Schmidt, K. (1966): Sandbad eines Zaunkönigs und anderes ungewöhnliches Verhalten. - ebd. 18: 187; Schmitz, J., u. A. Middel (1966): Die Abhängigkeit des Vogelgesanges von der Helligkeit. - ebd. 18: 111–114; Schneider, W.(1981): Wirtsvögel des Kuckucks im Nahegebiet. - Natursch. Orn. Rheinl.-Pfalz 2 (1): 125–129; Schönn, S. (1978): Der Sperlingskauz. - N. Brehm-Büch. 513; Schreurs, L. (1949): Ornithologie als biologische Wissenschaft. Heidelberg; Schuster, S., u. a. (1983): Die Vögel des Bodenseegebietes. Stuttgart, S. 259–260; Scott, R. E. (1965): Weights and measurements of migrant passerines. - Fågelvärld 24: 156–170; Sellin, D. (1969): Beobachtungen an einem Zaunkönig-Kuckuck. - Falke 16: 238–241; dgl. (1974): Avifaunistische Notizen aus der Uckermünder Heide. - ebd. 21: 312–317; dgl. (1975) a: Avifaunistische Notizen aus Armenien. - Beitr. Vogelk. 21: 266–274; dgl. (1975b): Der Brutvogelbestand eines Kiefernforstes in der Lubminer Heide. - Mitt. Avifauna DDR 7: 83–87; Sharrock, J. T. R. (1976): The Atlas of the Birds in Britain and Ireland. London, S. 24–25; dgl. (1980): Wren apparently buliding winter roostingnest. - Brit. Birds 73: 106–107; Siefke, A. (1962) Dorn- und Zaungrasmücke. - N. Brehm-Büch. 297, S. 35; Stiefel, A. (1968): Schlafgewohnheiten bei Vögeln. - Falke 15:

12–17; dgl. (1976): Ruhe und Schlaf bei Vögeln. - N. Brehm-Büch. 487, S. 165–166; Streck, S. (1969): Hochbrut eines Zaunkönigs. - Falke 16: 31; Stresemann, E. (1943): Überblick über die Vögel Kretas und den Vogelzug in der Ägäis. - J. Orn. 91:448–514; Studer, Th., u. V. Vatio (1907): Katalog der schweizerischen Vögel. Bern u. Genf, S. 440–455; Sudhaus, W. (1966): Beobachtungen im April auf Sardinien. - Orn. Mitt. 18: 95; Suolathi, H. (1909): Die deutschen Vogelnamen. Straßburg, S. 80–86; Svensson, L. (1975): Identification Guide to European Passerines. Stockholm, S. 72.

Tauchnitz, H. (1981): Die Vögel der Saale-Elster-Aue im Südteil des Stadtkreises Halle. - Apus 4: 193–242; Thielcke, G. (1955): Über den Nestbau vom Zaunkönig. - Vogelwelt 76: 142; dgl. (1961): Ergebnisse der Vogelstimmenanalyse. - J. Orn. 102: 285–300; Thorne, G. J. R. (1974): Moult of twelve species ant Wicken Fen. - Wicken Fen Group Rep. 6: 32–37; Timmermann, G. (1949): Die Vögel Islands. Reykjavik, S. 326–332; Tobias, H. (1854): Beiträge zur Fortpflanzungsbiologie des Zaunkönigs. - J. Orn. 2: 281–284; Toll, E. V. (1966): Geselliges Nächtigen beim Zaunkönig. - ebd. 107: 357; Tomialojc, L. (1977): Comparative analysis of breeding birds communities in two parks of Wroclaw and in an adjacent Querco-Carpinetum forest. - Acta Orn. 16: 1–177

Uttenhöfer, G. (1952): Neue Ergebnisse über die Ernährung der Greifvögel und Eulen. Stuttgart, S. 180–181

Vauk, G. (1972): Die Vögel Helgolands. Hamburg u. Berlin, S. 55; Vaurie, C. (1959): The Birds of the Palearctic Fauna. London, S. 200–207; Voous, K. H. (1962): Die Vogelwelt Europas und ihre Verbreitung. Hamburg u. Berlin, S. 256

Wagner, R. (1962): Außergewöhnlicher Nistplatz eines Zaunkönigs. - Orn. Mitt. 14: 230; Walde, K., u. J. Neugebauer (1936): Tiroler Vogelbuch. Innsbruck; S. 161–162; Ward, J. K. (1980): Communal roosting by Wren. - Brit. Birds 73: 105–106; Warncke, K., u. J. Wittenberg (1958) Eizahl des Kuckucks. - Vogelwelt 79: 20–22; Waters, W. E. (1962): The Birds of St. Kilda – winter 1961–62.- Scott. Birds 2: 227–233; dgl. (1964): Observations on the St. Kilda Wren, - Brit. Birds 57: 49–64; Wehner, R. (1962): Ein Beitrag zur Ernährungsbiologie des Waldkauzes. - Orn. Mitt. 14: 90–84; Wesolowski, T. (1981): Population restoration after removal of Wrens breeding in primaeval forest. - J. Animal Ecol. 50: 809–814; dgl. (1983): The breeding ecology and behaviour of Wrens under primaeval and secondary conditions. - Ibis 125: 499–515; Whitaker, J. I. S. (1905): The Bird of Tunisia. London, S. 143–144; Wilcke, G.G. (1952): Der Lidschlag des Zaunkönigs. - Orn. Mitt. 4: 185; Williamson, K. (1951): The Wrens of Fair Isle. - Ibis 93: 599–601; dgl. (1958): Population anb reeding environment of the St. Kilda and Fair Isle Wren. - Brit. Birds 51: 369–393; dgl. (1969): Habitat preferences of the Wren on english farmland. - Bird Study 16: 53–58; Whitehouse, H. L. K., u. R. A. Armstrong, (1953): Rhythmus in the breeding behaviour of the european wren. - Behaviour 5: 261–288; Witt, K., u. a. (1978a): Der ornithologische Bericht über Berlin (West). Eigendruck; dgl. (1978b): Überblick über Siedlungsdichte-Untersuchungen in Berlin. - Orn. Ber. Westberlin 3: 5–34; dgl. u. B. Nickel (1971): Die Vogelartengemeinschaften des Spandauer Forstes. - ebd. 6: 3–120

Zink, G. (1981): Der Zug europäischer Singvögel, ein Atlas der Wiederfunde beringter Vögel. Radolfzell